Untersuchungen an geschweißten Hüttenkranen

Ein Beitrag zur Berechnung dünnwandiger Hohlkästen

Von der Fakultät für Bauwesen
der Technischen Hochschule Hannover
zur Erlangung der Würde eines Doktor-Ingenieurs
genehmigte Dissertation
vorgelegt von

Dipl.-Ing. Otto Schindler
aus Haan, Kr. Dux, Sudeten

1959

Referent: Prof. Dr.-Ing. habil. Pfannmüller
Korreferent: Prof. Dr.-Ing. habil. Vierling
Tag der Promotion: 20. 2. 1959

ISBN 978-3-322-98283-4   ISBN 978-3-322-98986-4 (eBook)
DOI 10.1007/978-3-322-98986-4

Gliederung

Einleitung .... S. 5

1. Die zweckmäßigsten Querschnittsabmessungen .... S. 7

2. Die Biegung und die mittragende Breite der Gurte ...... S. 7

3. Die Torsion .... S. 8
   3.1 Hauptsystem ohne Schotte .... S. 9
   3.2 Hauptsystem durch Zerlegung des Kastens
       an den Schotten in einzelne Zellen .... S. 12

4. Berechnung für einen 120-t-Gießkran .... S. 17
   4.1 Normalspannungen .... S. 17
   4.2 Schubspannungen .... S. 20

5. Dehnungsmessungen an ausgeführten Kranen .... S. 22

6. Einleitung der Radlast in den Kasten .... S. 27

7. Beuluntersuchung .... S. 33
   7.1 Belastung aus der Scheibentheorie .... S. 34
   7.2 Zahlenbeispiel .... S. 36
   7.3 Idealisierte Belastung
       Ansatz m = 1,3 n = 1,2,3,4 .... S. 37
   7.4 Ansatz m = 1, (2+4), n = 1,2,3,4 .... S. 38

8. Zusammenfassung .... S. 43

Literaturverzeichnis .... S. 46

Einleitung

In allen Gebieten des Bauingenieurwesens finden in jüngerer Zeit Kastenträger häufig Verwendung, da sie sich besonders zur Aufnahme von Torsionsbeanspruchungen eignen. In einem dünnwandigen offenen Querschnitt laufen die Schubspannungslinien hin und zurück und bilden somit schmale Schleifen, während sie den dünnwandigen Hohlkastenquerschnitt in einem Fluß durchlaufen.

Für die Berechnung dünnwandiger Hohlkästen genügt die klassische Biegetheorie bei Torsionsbelastung nicht mehr, da die Querschnitte mit dem Auftreten von Schubverformungen nicht eben bleiben (s. STÜSSI [1], SCHLEICHER [2]). Aus Gründen der Lastübertragung werden im Hohlkasten zahlreiche Querverbände (Schotte) angeordnet. Nimmt man nun an, daß die Verformungen dieser Querverbindungen vernachlässigbar klein bleiben, dann kann man voraussetzen, daß der Querschnitt seine Form unter Last beibehält. An die Stelle der Voraussetzung vom Ebenbleiben der Querschnitte tritt dann die Voraussetzung von der Erhaltung der Querschnittsform. Ferner wird bei der üblichen Berechnung angenommen, daß sich der Querschnitt frei verwölben kann, daß also St. VENANTsche Torsion vorliegt. Es wird somit vorausgesetzt:

1. die Schotte liegen sehr dicht
2. die Schotte sind in ihrer Ebene starr
3. der Querschnitt kann sich frei verwölben.

Der Schubmittelpunkt M erhält dabei eine doppelte Bedeutung. Er ist Schubmittelpunkt für die Biegung und gleichzeitig Drillruhepunkt für die Torsion. Alle Lasten können daher in zwei Gruppen aufgespalten werden, von denen die eine Gruppe den Querschnitt nur verbiegt und die zweite den Querschnitt nur verdreht (s. Abb. 1).

Die Voraussetzung von der Erhaltung der Querschnittsform ist jedoch nie genau erfüllt, da die Schotte nicht so dicht liegen und in ihrer Ebene auch nicht so starr sind, daß sie die volle Erhaltung der Querschnittsform erzwingen können. Außerdem können Einzellasten oder Gruppenlasten auch zwischen zwei Schotten stehen.

Will man die tatsächlichen Verhältnisse näher untersuchen, muß man berücksichtigen, daß der Kastenträger mit seinen zahlreichen Querschotten für die Torsion ein vielfach unbestimmtes System darstellt. Der Einfluß der elastischen Schotte sowie der Einfluß des Schottabstandes werden daher an zwei verschiedenen statisch bestimmten Hauptsystemen untersucht, darüberhinaus werden die errechneten Spannungen verglichen mit gemessenen Spannungen, die mit Hilfe von Dehnungsmeßstreifen ermittelt wurden.

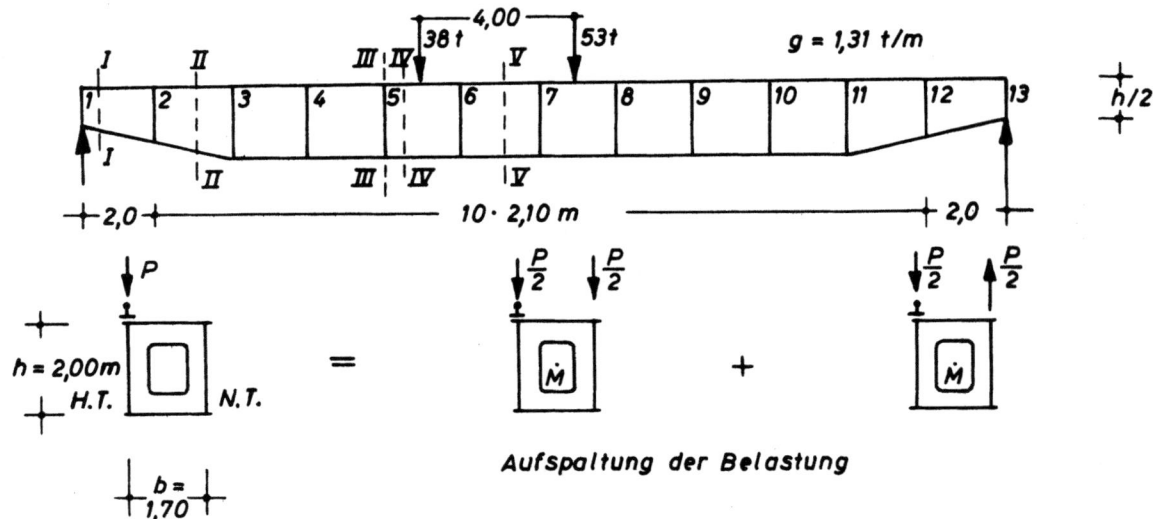

Abbildung 1

System und Belastung eines Hohlkastens im Kranbau

H.T. = Hauptträger   N.T. = Nebenträger

Das Berechnungsbeispiel wird aus dem Kranbau genommen, wo heute vielfach Laufkrane als Kastenträger ausgebildet werden. Dabei ist die Laufschiene für die Katzräder meist über dem Hauptträger angeordnet. Deshalb sollen weiter die Fragen der Krafteinleitung in den Steg untersucht und die aus der Scheibentheorie ermittelten Spannungsverteilungen mit den Ergebnissen von Dehnungsmessungen verglichen werden. Das Stegblech des Hauptträgers wird dabei durch Normalspannungen in Längs- (σx) und Querrichtung (σy) sowie durch Schubspannungen τ belastet.

Für diese Belastung wird die Beuluntersuchung des ausgesteiften Bleches mit Hilfe der Energiemethode durchgeführt. Da eine Beuluntersuchung für die Belastung aus der Scheibentheorie sehr umfangreich und aufwendig ist, wird noch ein Näherungsverfahren für die Beuluntersuchung angegeben.

Als Ergebnis der angestellten Untersuchungen können schließlich einige Richtlinien für die Bemessung von Kastenträgern gegeben werden.

Zur Berechnung von dünnwandigen Hohlkästen

1. Die zweckmäßigsten Querschnittsabmessungen

Die Beanspruchung des Kastenträgers besteht aus zwei Teilen. Für die reine Biegebeanspruchung ist ein hoher Kasten zweckmäßig, da die Höhe der Stege mit dem Quadrat in das Widerstandsmoment eingeht ($b/h < 1$). Dagegen ist der quadratische Kasten am besten zur Aufnahme von Torsionsbeanspruchungen geeignet, da die Fläche $b \cdot h$ für den umlaufenden Schubfluß bei gegebenem Umfang ein Maximum wird.

Nun sind aber - vor allem im Kranbau - die Biegebeanspruchungen immer wesentlich größer als die Torsionsbeanspruchungen, so daß das Verhältnis von b/h am besten entsprechend den Biegebeanspruchungen gewählt wird. Dies führt dann zu Querschnitten mit $b/h < 1$ (s. Abb. 1).

2. Die Biegung und die mittragende Breite der Gurte

Nach der üblichen Berechnungsweise ergeben sich die Normalspannungen aus der Beziehung $\sigma_x = M \cdot y / I_x$ und die Schubspannungen aus $\tau = Q \cdot \mathcal{T} / I_x \cdot t$ oder einfacher aus $\tau = Q / F_{steg}$ (s. Abb. 9, Seite 21).

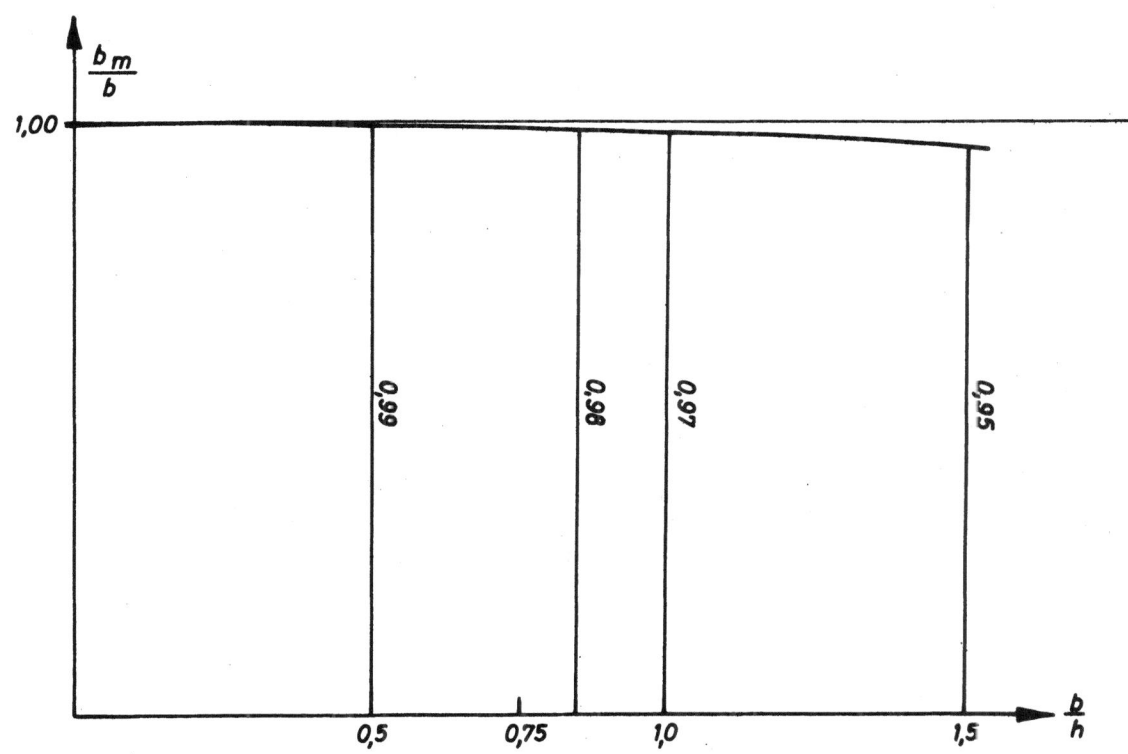

A b b i l d u n g 2

Die mittragende Breite im Kastenträger

Dabei wird vorausgesetzt, daß die ganze Breite der Gurte mitträgt. Die Normalspannungen verteilen sich also konstant über die ganze Breite des Druck- und Zuggurtes.

Abbildung 2 zeigt - nach G. SCHNADEL [3] ermittelt - die mittragende Breite bm in Abhängigkeit vom Verhältnis b/h für eine Belastung durch zwei Raddrücke.

Man kann daraus ersehen, daß bei den im Kranbau üblichen Verhältnissen von b/h des Kastens die Annahme voller Mitwirkung der Gurte genau genug erfüllt ist.

3. Die Torsion

Für die Berechnung auf Torsion beanspruchter dünnwandiger Kastenträger sind die BREDTschen Formeln gebräuchlich. Außer den bereits erwähnten Voraussetzungen für die Schotte und die unbehinderte Verwölbung werden dabei bestimmte Verhältnisse für die Blechdicken, die Querschnittsabmessungen (b/h) und die Stützweite (l) angenommen. Die größten Querschnittsabmessungen sollen $h \leq l/10$ und die größten Blechdicken $t \leq h/10$ sein.

Bei Einhaltung dieser Verhältnisse kann angenommen werden, daß sich die Schubspannungen konstant über die Dicke der Bleche verteilen. Im Kranbau betragen die Blechdicken sogar meist $t \leq h/100$.

Als Belastung wird eine aus zwei Einzellasten bestehende Lastgruppe eingeführt. Die Lagerung des Kastenträgers kann in den vier Eckpunkten angenommen werden. Ist nämlich die Drillsteifigkeit $G I_D$ längs des ganzen Kastens konstant, dann verteilt sich ein an einer beliebigen Stelle eingeleitetes Drillmoment auf die Auflager wie die Querkraft am Biegebalken.

Unter der Torsionsbelastung verdreht sich der Kasten, und der bisher rechteckige Querschnitt will sich zu einem Rhomboid verformen. Dieser Verformung setzen aber die Schotte einen Widerstand entgegen.

Es liegt nun nahe, die Schotte als statisch Überzählige aufzufassen. Dann entsteht allerdings ein weiches Hauptsystem, das sich vom wirklichen System weit entfernt. Eine zweite Möglichkeit besteht darin, den Kasten an den Schotten in einzelne Zellen zu zerlegen und die zwischen den Zellen wirkenden Längskräfte als statisch Überzählige zu wählen. Beide Wege sollen beschritten werden.

3.1 Hauptsystem ohne Schotte

3.1.1
Denkt man sich alle Schotte bis auf die Endquerscheiben entfernt, so entsteht als Hauptsystem ein Kasten, der aus vier Scheiben und zwei Endaussteifungen besteht. Bei der Ermittlung des Spannungszustandes am Hauptsystem wird angenommen, daß die Scheiben in den Kanten gelenkig miteinander verbunden sind, daß die Drillsteifigkeit der einzelnen Scheiben vernachlässigbar klein ist und daß in den Scheiben ein linearer Spannungsverlauf vorliegt. Die in den Kanten auftretenden Schubkräfte S_i lassen sich aus der Bedingung ermitteln, daß die Dehnungen zweier Scheiben in der gemeinsamen Kante gleich sein müssen (s. Abb. 3). Bei einem doppelsymmetrischen Querschnitt werden die Schubkräfte S_I bis S_{IV} gleich. Sind dagegen die Blechdicken der einzelnen Scheiben ungleich, dann werden auch die Kantenkräfte verschieden.

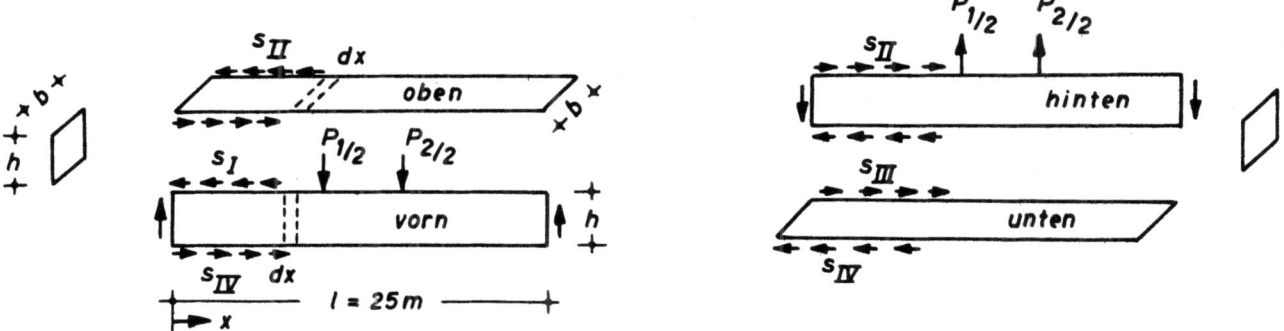

Abbildung 3
Das statisch bestimmte Hauptsystem

Wie eine Vergleichsrechnung gezeigt hat, weicht bei den üblichen Blechdicken im Kranbau der Normalspannungsverlauf bei verschiedenen Dicken nur unwesentlich von dem Spannungsverlauf ab, den man erhält, wenn für die Bestimmung von S_i die Blechdicken im Haupt- und Nebenträger, sowie im Ober- und Untergurt je gemittelt werden.

Da in die Elastizitätsgleichungen der Spannungszustand aller vier Scheiben eingeht, wird der Fehler zum Teil wieder ausgeglichen.

Es soll zunächst ein doppelsymmetrischer Querschnitt untersucht werden, so daß $S_I = S_{II} = S_{III} = S_{IV} = S$ wird.

Denkt man sich aus der vorderen Scheibe ein Element von der Breite dx und der Höhe h herausgeschnitten, so liefert das Momentengleichgewicht an diesem Element

$$dM_v = Q \cdot dx - s \cdot dx (h/2 + h/2) \; . \tag{1}$$

Nun ist aber bei der vorliegenden Belastung in den einzelnen Bereichen des Trägers Q = const. Da M linear ist, muß ebenso wie Q auch s = const. sein. Dann ergibt sich im Bereich vom Auflager bis zur Einzellast mit $Q = A$ am vorderen Träger
$$M_v = A \cdot x - s \cdot x \cdot h \tag{2a}$$
und im oberen Träger $M_o = -s \cdot x \cdot b$. \hfill (2b)

Aus der Bedingung, daß die Dehnungen zweier Scheiben in der gemeinsamen Kante gleich sein müssen, ergibt sich

$$s = \frac{A}{\frac{b^2 \cdot W_v}{2 I_o} + h} \; . \tag{3}$$

Setzt man s in die Ausdrücke für die Momente ein, so wird

$$M_v = A x \frac{W_v}{W_v + 2h\, I_o / b^2} \quad ; \quad M_o = -A x \frac{2 I_o / b}{W_v + 2h\, I_o / b^2} \; . \tag{4a} \; (4b)$$

Man ersieht daraus sofort, daß die Normalspannungen zweier Scheiben in der gemeinsamen Kante gleich sind. Im Bereich vom Auflager bis zur Einzellast ist $A x$ das Biegemoment $\overline{M}$ im vorderen Träger ohne Berücksichtigung der Kantenkräfte. Auch in den übrigen Bereichen ist M_v proportional $\overline{M}$. Das gleiche gilt auch für die Momente in den restlichen Trägern. Bei der Ermittlung der δ-Werte können also die Momente M_v, M_o, M_h, M_u durch $\overline{M}$ ausgedrückt werden.

3.1.2 An den Schotten werden nun als Überzählige solche Kraftgruppen eingeführt, die dort die gleichen Verformungen hervorrufen wie sie am Hauptsystem infolge der äußeren Belastung auftreten (s. Abb. 4). Man kann die Unbekannten auch als Querkräfte auffassen, die durch die Schotte vom Hauptträger (mit Schiene) auf den Nebenträger (ohne Schiene) übergeleitet werden.

Um die Torsion zu berücksichtigen, werden diese Kraftgruppen in zwei Lastfälle aufgespalten. Auf das Hauptsystem wirken dann die entgegengesetzten Kraftgruppen.

Der 1. Lastfall wird entsprechend der äußeren Belastung durch Biegemomente in den vier Trägern aufgenommen. Der 2. Lastfall erzeugt dagegen nur Schubkräfte und keine Normalspannungen.

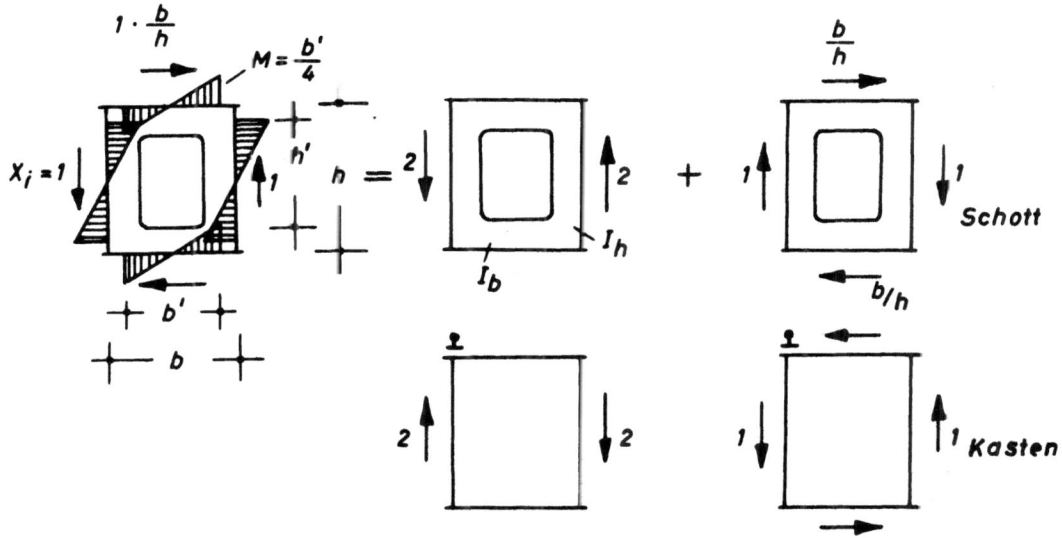

Abbildung 4
Die Unbekannten X_i am Schott und am Kasten

<u>3.1.3</u> In die Elastizitätsgleichungen müssen auch die Verformungen der Schotte eingehen. Der Momentenverlauf an den - als geschlossene Rahmen aufgefaßten - Schotten infolge der Unbekannten ist ebenfalls in Abbildung 4 eingetragen. Das Eckmoment hat den Wert $M = 1/2 \cdot 1 \cdot b'/2 = b'/4$ tm. Der Formänderungsanteil des Querschottes gibt nur einen Anteil zu δ_{ii} $\left[E\delta_Q = \frac{b'^2}{24}\left(\frac{b'}{I_b} + \frac{h'}{I_h}\right) \right]$. I_b und I_h sind die Trägheitsmomente des Rahmens an den Seiten b und h. Die Vernachlässigung der ausgerundeten Ecken liefert etwas zu große Verschiebungsbeiwerte.

<u>3.1.4</u> Mit Hilfe der in Abschnitt 3.1.1 und 3.1.2 angegebenen Momente in den vier Trägern und unter Berücksichtigung der Torsion aus 3.1.2 und der Steifigkeit der Schotte nach 3.1.3 lassen sich nunmehr die Elastizitätsgleichungen aufstellen. Soweit die Schotte in ihrer Ebene starr sind ($I_b = I_h = I_Q = \infty$) liefern sie keine Beiträge.

Nach Auflösung der Matrix ergeben sich die endgültigen Normalspannungen im Kasten aus

$$\sigma = \sigma_B + \sigma_0 + \Sigma X_i \sigma_i \quad . \tag{5}$$

Darin bedeuten:

σ_B Normalspannungen aus reiner Biegung
σ_0 Normalspannungen am Hauptsystem ohne Schotte
X_i die Überzähligen an den Schotten
σ_i Normalspannungen aus den Überzähligen $X_i = 1$

Der in Abbildung 1 dargestellte durch zwei Raddrücke belastete Kastenträger weist außer den Endschotten noch elf rahmenartig ausgebildete Querschotte auf. Die aus der 11fach unbestimmten Berechnung stammenden Überzähligen sind in Abbildung 5 a aufgetragen. Sie stellen die Querkräfte dar, die vom Hauptträger auf den Nebenträger übertragen werden. Dabei wurden verschiedene Steifigkeiten der Schotte untersucht und $I_b = I_h = I_Q$ vorausgesetzt.

——— Schotte in ihrer Ebene starr $\quad I_Q/I_x = \infty$
— — $I_Q = 1,2 \cdot 54^3/12 = 15700 \text{ cm}^4 \quad I_Q/I_x = 2,0 \cdot 10^{-3}$
—·— $I_Q = 1,2 \cdot 40^3/12 = 6400 \text{ cm}^4 \quad I_Q/I_x = 0,82 \cdot 10^{-3}$
······ $I_Q = 1,2 \cdot 28^3/12 = 2105 \text{ cm}^4 \quad I_Q/I_x = 0,28 \cdot 10^{-3}$

Die Verteilung der Unbekannten X_i zeigt (s. Abb. 5 a), daß bei der Annahme starrer Schotte praktisch nur die den Radlasten unmittelbar benachbarten Querverbindungen beansprucht werden und daß mit zunehmenden Schottverformungen immer mehr Schotte an der Querkraftübertragung vom Haupt- zum Nebenträger beteiligt werden. An den als starr vorausgesetzten Endscheiben 1 und 13 wandern die Querkräfte wiederum vom Nebenträger zum Hauptträger zurück. Als Rechenkontrolle dient also die Bedingung $Q_1 + Q_{13} = \sum_{2}^{12} X_i$

Abbildung 5 b zeigt die Verteilung der Unbekannten X_i bei einem Schottabstand von 4,20 m, wenn also statt elf nur noch fünf Zwischenschotte vorhanden sind.

3.2 Hauptsystem durch Zerlegung des Kastens an den Schotten in einzelne Zellen

Bei der üblichen Berechnung auf Torsion beanspruchter dünnwandiger Hohlkästen wird außer den bisher besprochenen Voraussetzungen starrer und dicht liegender Schotte auch vorausgesetzt, daß sich die Querschnitte unbehindert verwölben können. Denkt man sich den Hohlkasten an den Querschotten zerlegt in einzelne Zellen und sind die Zellen verschieden belastet oder verschieden bemessen, dann sind ihre Verformungen in Längsrichtung an den Querwänden im allgemeinen nicht gleich. Um den Zusammenhang der einzelnen Zellen im Kasten wieder herzustellen, müssen zwischen den Zellen zum Ausgleich der Wölbunterschiede Längsspannungen aufgebracht werden. Diese haben die Eigenschaft, daß sie keine Resultierende und auch kein resultierendes Moment bilden. Es handelt sich also um Wölbkraftgruppen. Ebenso müssen an den Enden des Kastenträgers Längs-

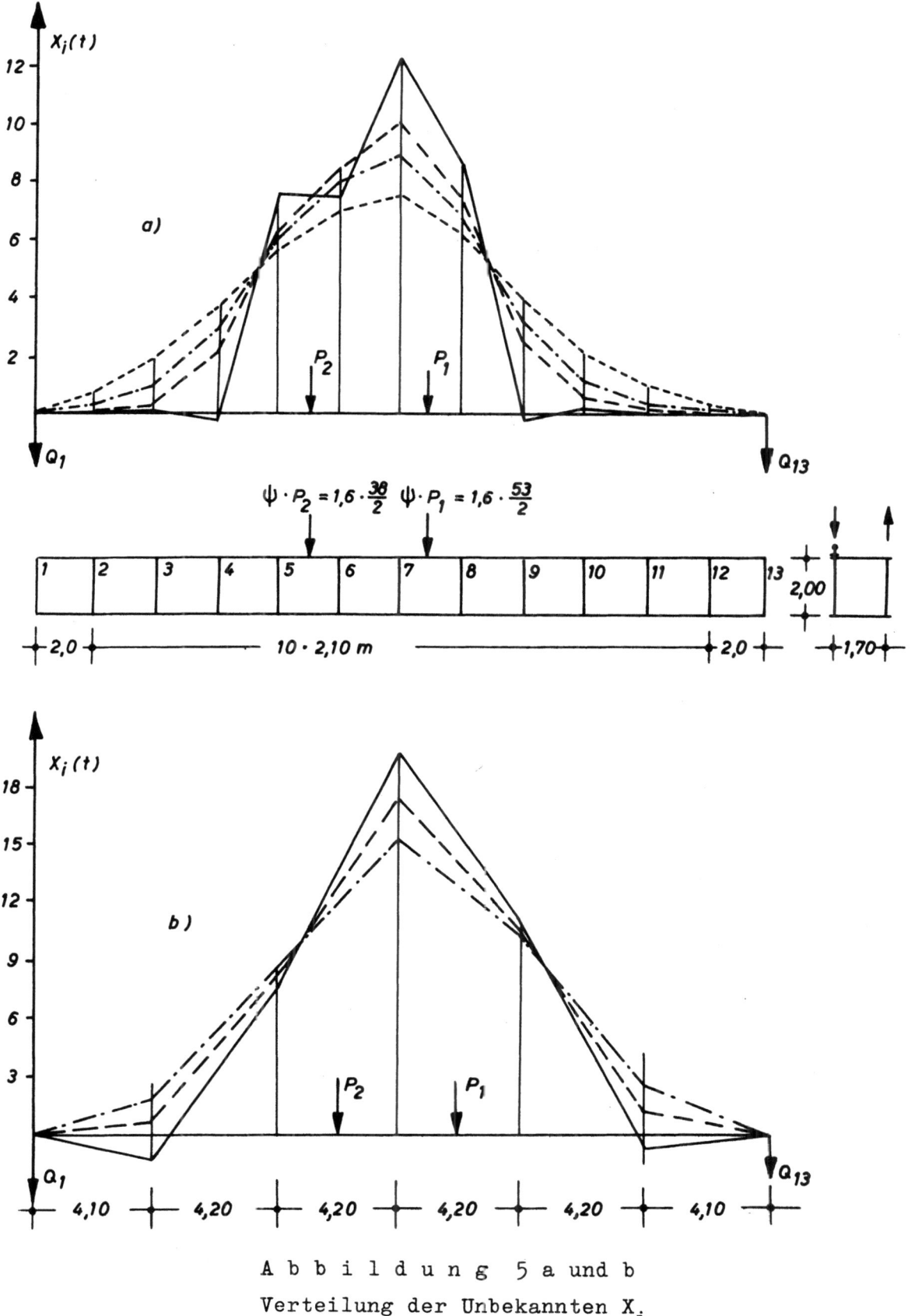

Abbildung 5 a und b
Verteilung der Unbekannten X_i

spannungen wirken, wenn dort die freie Verwölbung behindert wird. Wie von H. EBNER [4] nachgewiesen wurde, können diese Längsspannungen zu einer Gruppe von vier gleichen, antimetrischen Längskräften in den Querwandecken zusammengefaßt werden (s. Abb. 6 c). Faßt man diese Längskraftgruppen (Wölbkraftgruppen) als Unbestimmte auf, dann ist die Torsionsberechnung des Kastenträgers auf die übliche Berechnung eines statisch unbestimmten Systems zurückgeführt.

An beliebiger Stelle angreifende Torsionsmomente werden nach dem Hebelgesetz auf die benachbarten Schotte verteilt (Abb. 6 a). Man erhält dann einen Kastenträger, der durch Einzeldrehmomente belastet ist (s. Abb. 6 b). Zerlegt man diesen Kasten an den Querwänden in eine Reihe von selbständigen Einzelkästen oder Zellen, so erhält man ein Hauptsystem, in welchem die Zellen je für sich im Gleichgewicht stehen. Der Schubspannungszustand in diesem Hauptsystem ergibt sich nach den BREDTschen Formeln, solange der Querschnitt konstant bleibt.

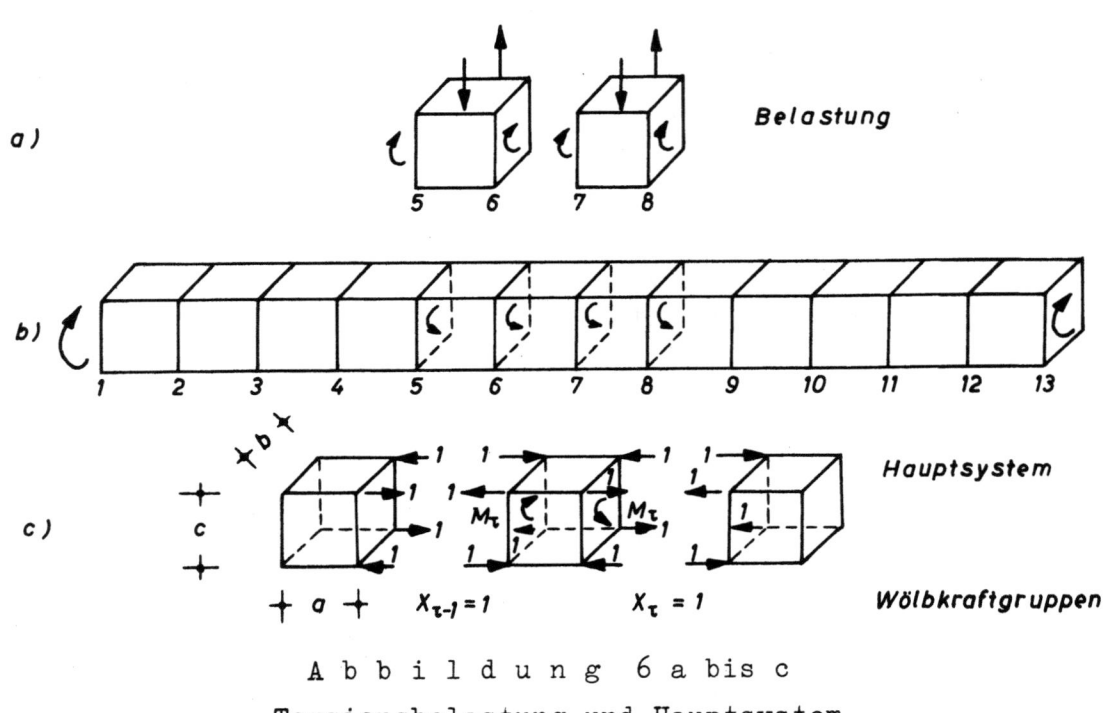

A b b i l d u n g 6 a bis c
Torsionsbelastung und Hauptsystem

Infolge der unbekannten Wölbkraftgruppen herrscht in den Zellen ein Normalspannungszustand, der linear angenommen wird, und ein Schubspannungszustand, der parabolisch verläuft. Mit Hilfe des Spannungszustandes im Hauptsystem einschließlich der Zwischenbelastung in den Zellen und mit Hilfe des Spannungszustandes infolge der Wölbkraftgruppen lassen sich dann die Verschiebungsbeiwerte anschreiben. Bei starren Schotten ergibt sich dabei ein 3gliedriges und bei elastischen Schotten ein 5gliedriges Gleichungssystem.

Nach der üblichen Berechnungsweise von Hohlkastenträgern ergeben sich bei den getroffenen Annahmen die Normalspannungen aus der reinen Biegung und die Schubspannungen aus der Torsionsbelastung. Infolge der Katzstellungen zwischen zwei Schotten und infolge der Wölbbehinderung treten aber auch bei Torsionsbelastung Normalspannungen auf. In Abbildung 7 a wurden diese Normalspannungen angetragen. Zunächst wurde ein Träger mit konstanter Höhe und einem Schottabstand von 4,20 m untersucht. Gezeichnet sind die Normalspannungen σ_1 an der oberen Kante des Hauptträgers, die zu den Normalspannungen aus der Biegung zu addieren sind. Die Normalspannungen an der Oberkante des Nebenträgers sind gleich σ_1, aber von entgegengesetztem Vorzeichen ($\sigma_2 = -\sigma_1$). Die aus der unbestimmten Berechnung nach 3.1 und aus der unbestimmten Berechnung nach 3.2 ermittelten Normalspannungen sind praktisch gleich. Dabei ist die Berechnung nach 3.2 - Einführung der Wölbkraftgruppen als Unbekannte - zu bevorzugen, da diese Methode ein Hauptsystem verwendet, das dem wirklichen System bereits sehr nahe kommt. Kleine Differenzen von großen Zahlen werden dann vermieden. Ein weiterer Vorteil der zweiten Methode liegt auch darin, daß sie den Einfluß der Wölbbehinderung deutlicher erkennen läßt. Der Verlauf der zusätzlichen Normalspannungen aus Torsionsbelastung ist dem Momentenverlauf eines Durchlaufträgers ähnlich, wobei der Einfluß von elastischen Schotten den Stützsenkungen entspricht.

Bei der Durchrechnung des Trägers nach Abbildung 7 a wurde anschließend auch eine Behinderung der Verwölbung an den Enden 1 und 13 angenommen. Die dann an den Enden auftretenden Normalspannungen (-----) sind gering und haben auf den Verlauf der Normalspannungen in Feldmitte keinen Einfluß mehr.

In der Praxis werden oft Träger mit konischen Enden ausgeführt (Abb. 7 b). Bei der Durchrechnung eines solchen Trägers ist die Besonderheit zu beachten, daß in den konischen Zellen im Hauptsystem infolge Torsion nicht allein Schubspannungen, sondern auch Normalspannungen auftreten (s. auch WANSLEBEN [5]). Für den Träger in Abbildung 7 b wurden für den Fall $I_Q = \infty$ die konischen Zellen und eine Wölbbehinderung an den Enden berücksichtigt. Der Verlauf der Normalspannungen zeigt, daß die konischen Enden einer Wölbbehinderung gleichkommen. Zum Vergleich sind auch die Normalspannungen für einen Träger von konstanter Höhe bei Wölbbehinderung an den Enden eingetragen.

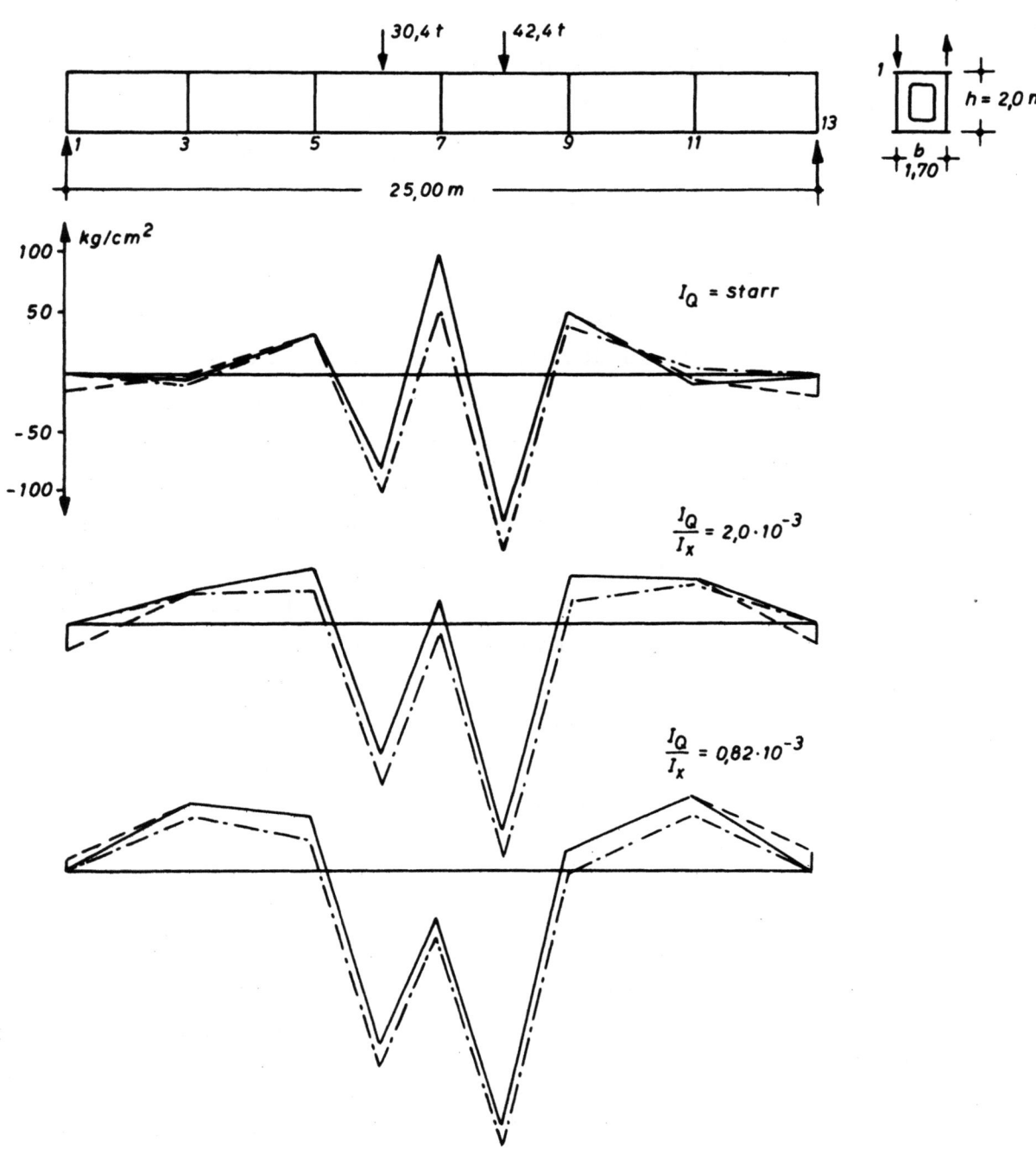

Abildung 7a

Normalspannungen σ_1 aus Torsionsbelastung
———— aus unbestimmter Berechnung nach 3.2
—·—·— aus unbestimmter Berechnung nach 3.1

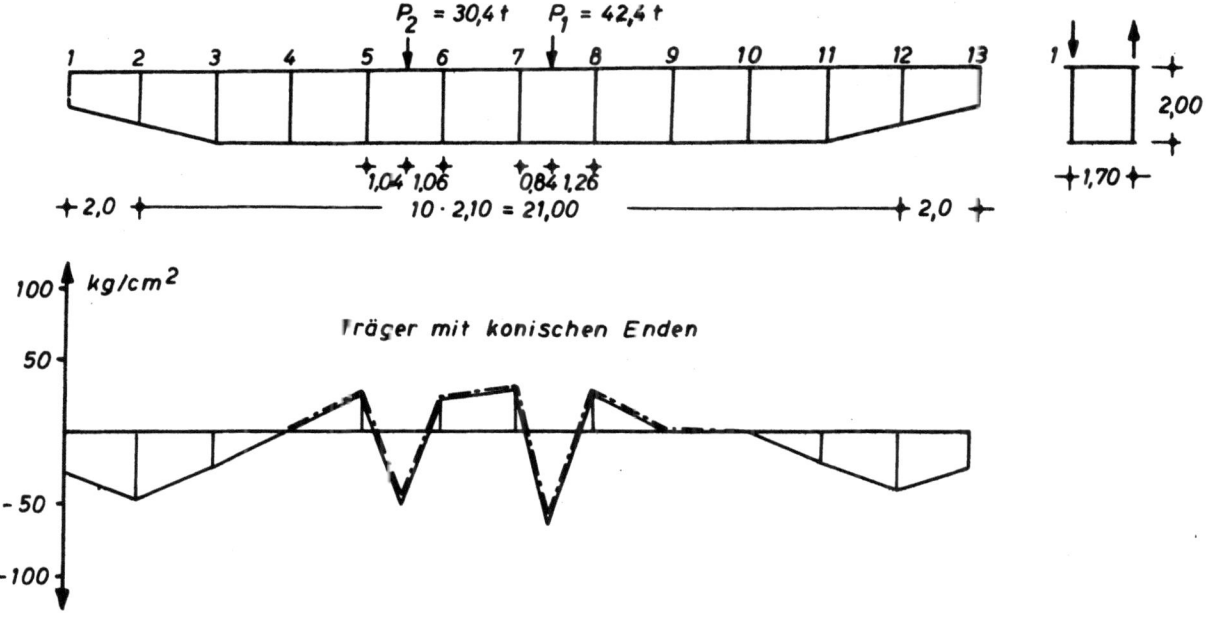

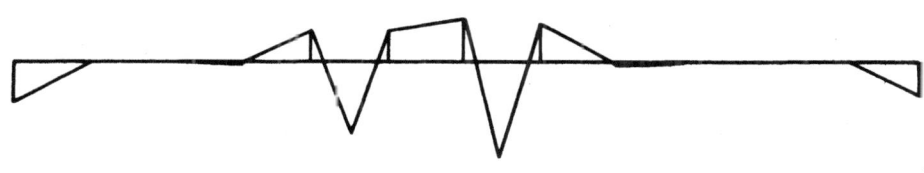

Abbildung 7 b
Normalspannungen σ_1 bei $I_Q = \infty$

4. Berechnung für einen 120-t-Gießkran

4.1 Normalspannungen

Für den in Abbildung 7 b dargestellten und belasteten Träger sind die Querkräfte, die durch die Schotte vom Hauptträger auf den Nebenträger übergeleitet werden, in Abbildung 5 a dargestellt. Nach der üblichen Berechnungsweise würden die Spannungen σ_1 am Hauptträger und σ_2 am Nebenträger gleich groß (s. Abb. 8). Die Verteilung der Normalspannungen im Kasten ohne Schotte sind ebenfalls in Abbildung 8 eingetragen. Die Schotte bewirken nun, daß sich σ_1 und σ_2 mit zunehmender Steifigkeit immer mehr nähern. Dabei ist zu unterscheiden zwischen einer Annäherung an den Schotten (z.B. Schott 7) und einer Annäherung zwischen zwei Schotten unter einer Radlast.

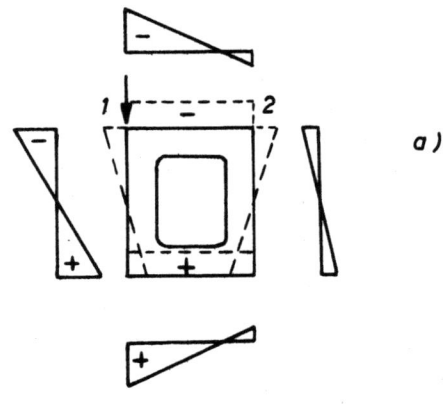

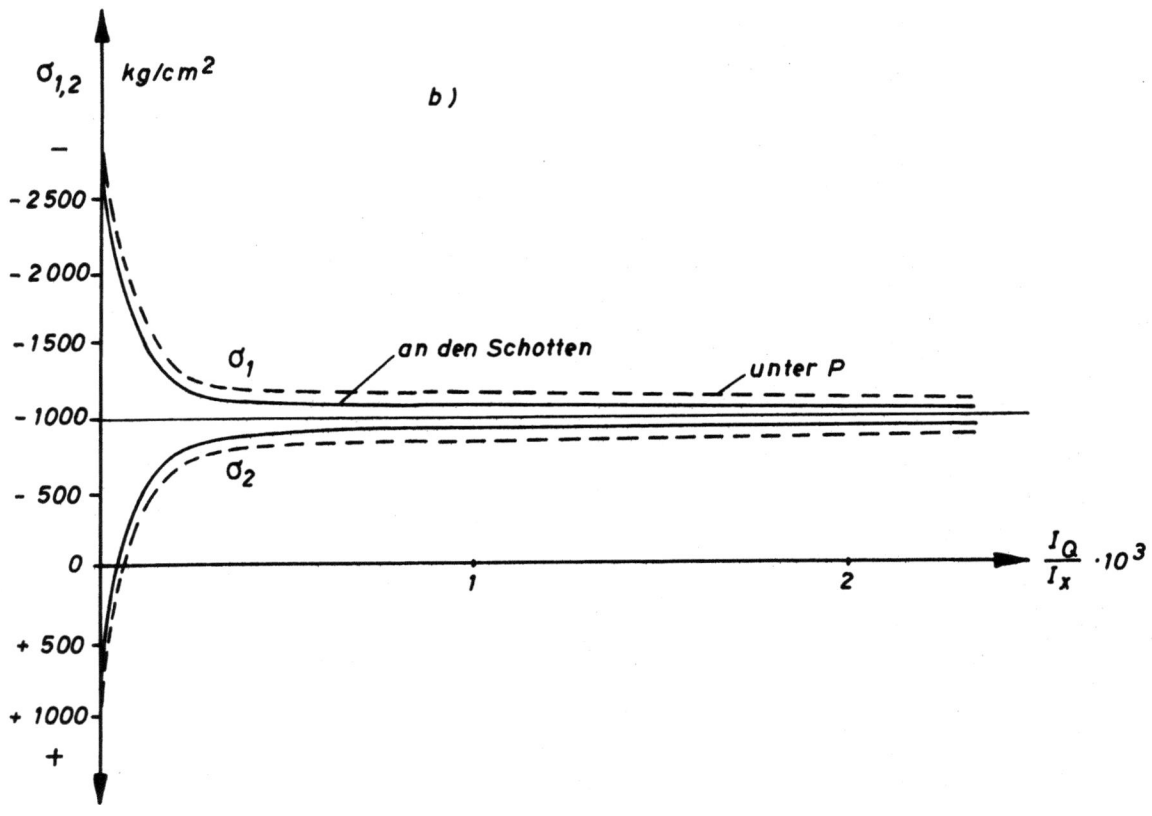

Abbildung 8

Normalspannungen und Steifigkeit der Schotte

a) Verteilung der Normalspannungen über dem Querschnitt
—— ohne Schotte
----- bei starren Schotten

b) Abhängigkeit der Spannungen von der Steifigkeit der Schotte

An der Stelle des Querschottes 7 in Trägermitte ergeben sich bei Berücksichtigung von Biegung und Torsion folgende Spannungen:

Gesamtspannungen am Schott 7

	σ_1 [t/cm^2]	σ_2 [t/cm^2]	Abweichungen gegenüber üblicher Berechnung
1) $I_Q/I_x = 0$	-2,758	+0,774	
2) $I_Q/I_x = 0,28 \cdot 10^{-3}$	-1,149	-0,834	15,4 %
3) $I_Q/I_x = 0,82 \cdot 10^{-3}$	-1,086	-0,898	9,5 %
4) $I_Q/I_x = 2,0 \cdot 10^{-3}$	-1,009	-0,974	2 %
5) $I_Q/I_x = \infty$	-0,961	-1,022	- 3 %
6) übliche Rechnung	-0,992	-0,992	

Der Fall 5 für steife Schotte zeigt auch hier wieder die Durchlaufwirkung des Hauptträgers. Ferner ist zu ersehen, daß für $I_Q/I_x = 2,0 \cdot 10^{-3}$ die Spannungen σ_1 und σ_2 praktisch gleich geworden sind. Dasselbe kann man auch an dem Träger nach Abbildung 7 a am Schott 7 feststellen. Dort wird infolge Torsion $\sigma_1 = \sigma_2 \approx 0$, so daß nur die Normalspannung infolge Biegung verbleibt.

Ganz anders liegen dagegen die Verhältnisse unter den Radlasten. Bei Kranträgern kann die wandernde Last jede beliebige Stellung zwischen zwei Schotten einnehmen. Die Annahme dicht liegender Schotte kann bei Einzellasten nur erfüllt werden, wenn der Schottabstand tatsächlich nur wenige Zentimeter beträgt. In allen anderen Fällen ist daher die Lastabtragung von Schott zu Schott zu berücksichtigen. Naturgemäß muß der Einfluß dieser Zwischenabtragung mit zunehmendem Schottabstand wachsen. Für den Träger nach Abbildung 7 a ergeben sich z.B. folgende Werte für die Spannungen am Haupt- und Nebenträger unter der Einzellast P = 42,4 t:

Gesamtspannungen im Feld unter Einzellast

	σ_1 [t/cm^2]	σ_2 [t/cm^2]		Abweichungen gegenüber üblicher Berechnung
1) $I_Q/I_x = 0$	-2,774	+0,779	+0,779	
2) $I_Q/I_x = 0,28 \cdot 10^{-3}$	-1,326	-0,669		33 %
3) $I_Q/I_x = 0,82 \cdot 10^{-3}$	-1,231	-0,764		24 %
4) $I_Q/I_x = 2,0 \cdot 10^{-3}$	-1,197	-0,798		20 %
5) $I_Q/I_x = \infty$	-1,157	-0,838		16 %
6) übliche Rechnung	-0,997	-0,997		

Die Frage nach der erforderlichen Steifigkeit der Schotte läßt sich aus Abbildung 7 a und aus den Werten der Seite 19 für den am stärksten beanspruchten Querschnitt in Trägermitte bereits beantworten; die Annahme in ihrer Ebene starrer Schotte ist demnach bereits genau genug gefüllt für ein Verhältnis von $I_Q/I_x = 2{,}0 \cdot 10^{-3}$.

Nach der üblichen Berechnung würde man dann zwischen den Schotten bereits einen Fehler bis 20 % begehen (s. S. 19). Deshalb muß die Zwischenabtragung berücksichtigt werden.

4.2 Die Schubspannungen

Nach der üblichen Berechnungsweise ergeben sich die Schubspannungen infolge Biegung aus der Beziehung $\tau = Q/F_s$ oder $\tau = Q \cdot \gamma / I \cdot t$ und infolge Torsion aus der BREDTschen Formel $\tau = M/2F \cdot t$.

Diese Werte sind für das durchgerechnete Beispiel in Abbildung 9 (S. 21) eingetragen, und zwar am Querschott 8 (Abb. 1).

Bei Berücksichtigung der elastischen Schotte sind die Schubspannungen analog den Normalspannungen (Gleichung (5)) zu überlagern aus

$$\tau = \tau_B + \tau_o + \Sigma \tau_i X_i \ . \tag{6}$$

Wählt man für die Berechnung des Kastenträgers die zweite Methode mit dem Hauptsystem nach 3.2, dann sind ebenfalls die Schubspannungen aus Biegung zu überlagern mit denen aus Torsion.

Abbildung 9 a zeigt die Schubspannungen τ_B infolge Biegung aus der einfachen Beziehung $\tau = Q/F$ (132 kg/cm^2) und aus der Beziehung $\tau = Q \cdot \gamma / I \cdot t$. Als Kontrolle ist zu ersehen, daß in der Kante der Schubfluß im Gurt $(74 + 11) \cdot 1{,}6 = 136$ kg/cm gleich ist dem Schubfluß im Steg. $105 \cdot 1{,}3 = 136$ kg/cm.

Abbildung 9 b zeigt die Schubspannungen infolge Torsion und den Einfluß der elastischen Schotte. Mit zunehmender Steifigkeit der Schotte nähern sich die Schubspannungen immer mehr den Werten aus der BREDTschen Formel. In der Mitte des Hauptträgers (τ_M vorn) und in der Mitte des Obergurtes (τ_M oben) ergeben sich folgende Schubspannungen (s. S. 22).

Nach der üblichen Berechnung hätte man im Hauptträger eine Spannung von $\tau = 147 + 66 = 213$ kg/cm^2 ermittelt, während sich bei einer Schottsteifigkeit von $I_Q/I_x = 2{,}0 \cdot 10^{-3}$ eine Spannung von $\tau = 147+79 = 226$ kg/cm^2 ergibt. Der Unterschied ist belanglos.

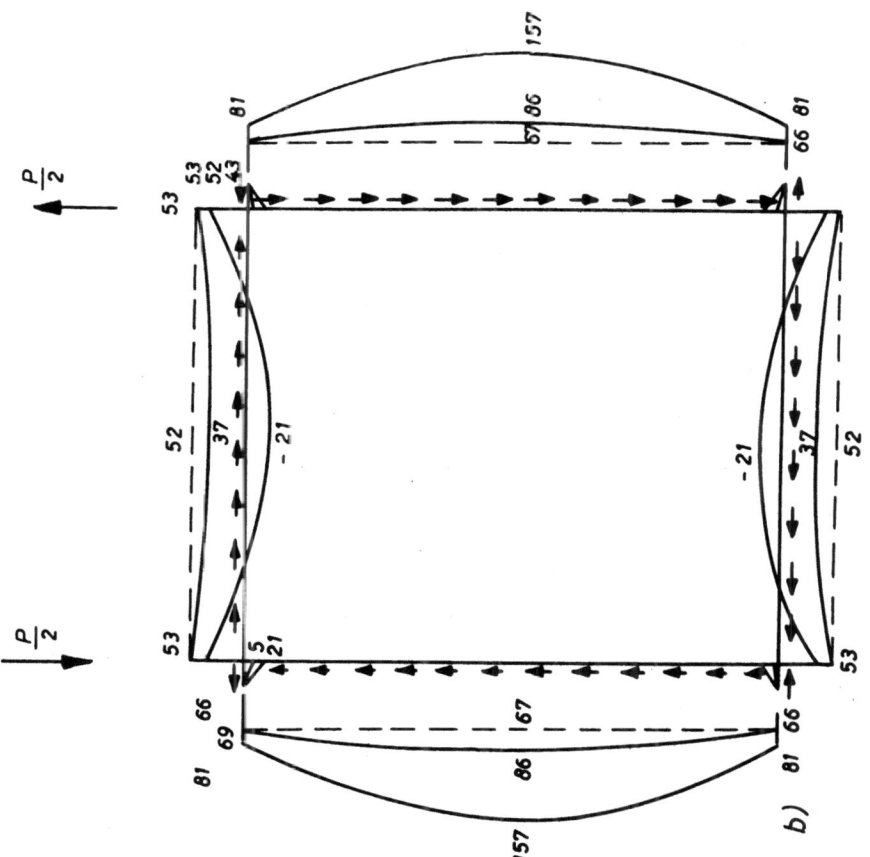
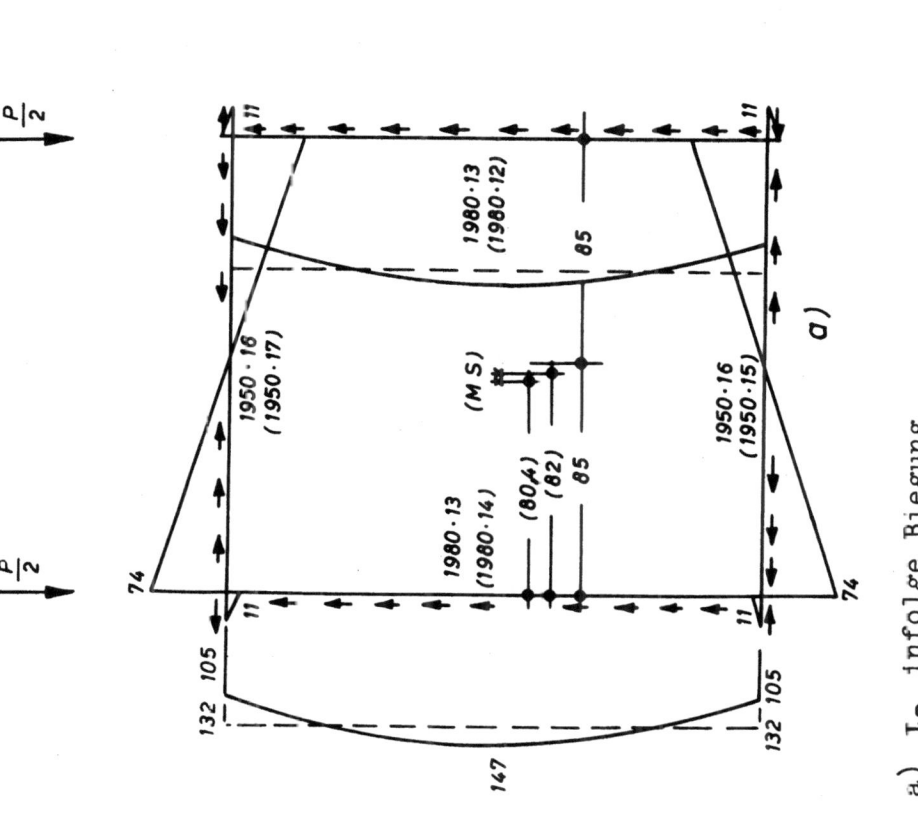

a) τ_B infolge Biegung b) $\tau_0 + \sum \tau_i X_i$ infolge Torsion

Abbildung 9

	τ_M vorn [kg/cm^2]	τ_M oben [kg/cm^2]
1) $I_Q/I_x = 0$	157	-21
2) $I_Q/I_x = 0{,}28 \cdot 10^{-3}$	96	29
3) $I_Q/I_x = 0{,}82 \cdot 10^{-3}$	86	37
4) $I_Q/I_x = 2{,}0 \cdot 10^{-3}$	79	43
5) $I_Q/I_x = \infty$	67	52
6) BREDT	66	53

Bisher wurde ein doppelsymmetrischer Querschnitt betrachtet. In der Praxis werden die einzelnen Scheiben des Kastens oft verschieden dick ausgeführt, um sie den Beanspruchungen besser anzupassen (s. Abb. 9 a). Die Spannungsermittlung kann dann in der gleichen Weise erfolgen wie sie für den doppelsymmetrischen Querschnitt (Abschnitt 3.1) beschrieben wurde. Der Rechenaufwand wird erheblich größer, da die Schubkräfte S_I bis S_{IV} in den gemeinsamen Kanten zweier Scheiben verschieden sind. Als Besonderheit ist dabei zu beachten, daß der Schubfluß infolge Biegung nicht nach der einfachen Beziehung $\tau \cdot t = Q \cdot \mathcal{S}/I$ ermittelt werden kann, da es beim geschlossenen Querschnitt keinen freien Rand gibt, von dem aus τ durch Integration bestimmt werden kann. Es ist vielmehr eine unbestimmte Berechnung durchzuführen, wie sie von STÜSSI [1] oder bei SCHLEICHER [2] beschrieben wurde. In Abbildung 9 a sind der Schwerpunkt S und der Schubmittelpunkt M für die in Klammern angegebenen Dicken des Querschnittes eingezeichnet. Ihr Abstand vom Steg des Hauptträgers beträgt 82,0 bzw. 80,4 cm. Der Unterschied ist also gering, so daß die Annahme eines doppelsymmetrischen Querschnittes berechtigt war.

5. Dehnungsmessungen an ausgeführten Kranen

5.1 Um den Einfluß der bei der Berechnung von Trägern mit Hohlkastenquerschnitt getroffenen Annahmen zu untersuchen und zur Kontrolle der oben erläuterten Berechnungsmethoden wurden an mehreren Kranen Messungen durchgeführt; zuerst an einem 120 t x 25 m Gießkran der Deutschen Edelstahlwerke in Krefeld, dessen Hauptabmessungen auch dem Rechenbeispiel zugrundegelegt worden sind (Abb. 1) und später an einem 70 t x 34 m Montagekran sowie an einem 10 t x 30 m Verladekran bei der Dortmund-Hörder-Hütten-Union in Dortmund.

Die Messungen wurden ausgeführt vom "Laboratorium für Betriebsfestigkeit" in Darmstadt. In Form von Rosetten ($\rightarrow$) wurden Dehnungsmeßstreifen aufgeklebt. Aus den in drei Richtungen gemessenen Dehnungen wurden dann mit Hilfe des MOHRschen Spannungskreises die Hauptspannungen ermittelt. Deren Neigungen weichen nur wenig von der Längsrichtung des Kastenträgers ab, da die Normalspannungen überwiegen. Gemessen wurde in den Querschnitten I bis V bei den verschiedenen Stellungen der Laufkatze (vgl. Abb. 1).

In Abbildung 10 sind für den Meßquerschnitt IV die experimentell gefundenen mit den aus der statisch unbestimmten Berechnung ermittelten Spannungen verglichen. Die Katze wurde zunächst so verfahren, daß die linke Radlast über dem Querschnitt IV stand (Laststellung 4), dann wurde

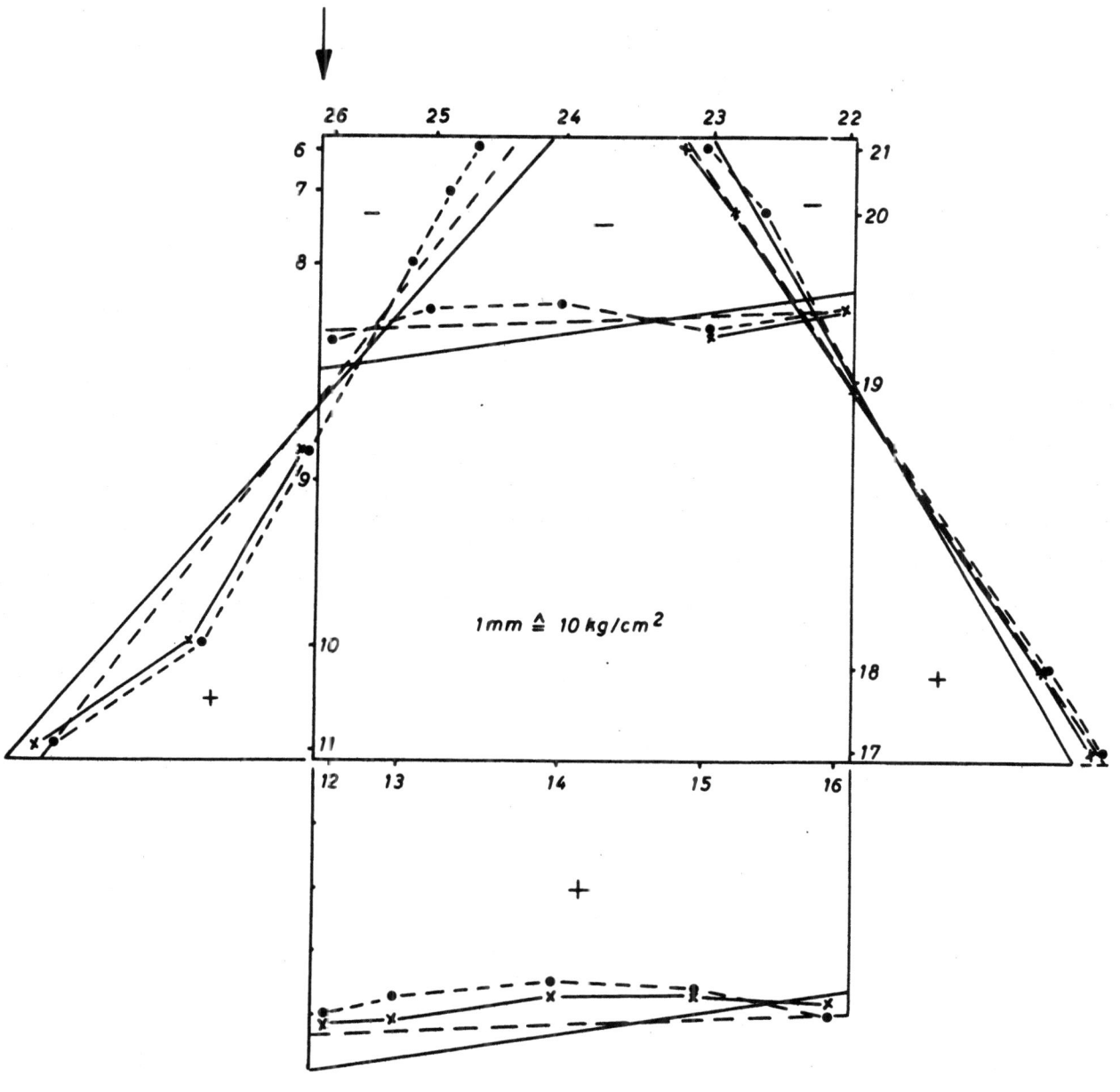

A b b i l d u n g 10
Errechnete und gemessene Spannungen (Querschnitt IV)
•----• Laststellung 3, gemessen   x———x Laststellung 4, gemessen
---- Laststellung 3, errechnet   ——— Laststellung 4, errechnet

die vorher abgewogene Last von 120 t angehoben. Die Messungen wurden mehrfach - auch mit halber Last - wiederholt. Anschließend wurde die linke Radlast auch über den Querschnitt III gestellt (Laststellung 3). Im Ober- und Untergurt wurden die gemessenen Spannungen in Längsrichtung (σ_l') und in den beiden Stegen die experimentell gefundenen Hauptspannungen (σ_l) eingetragen.

Der Meßquerschnitt IV konnte wegen störender Kabelleitungen nicht zwischen zwei Schotte gelegt werden.

In der Berechnung wurden die auf der ganzen Länge des Kastens durchlaufenden Aussteifungen zum Querschnitt mitgerechnet und eine Steifigkeit der Schotte von $I_Q/I_x = 2,0 \cdot 10^{-3}$ berücksichtigt.

In der Abbildung 10 ist zu ersehen, daß die errechneten und die gemessenen Spannungen gut übereinstimmen. Die Abweichungen liegen noch innerhalb der Meß- und Rechengenauigkeit.

Der Verlauf der Normalspannungen in den Gurten für die Stellung 4 läßt einen Abfall vom Hauptträger zum Nebenträger hin erkennen, der auf die Zwischenbelastung zwischen den Schotten zurückzuführen ist.

Der untersuchte 120-t-Gießkran hat bei einer Stützweite von l = 25,00 m einen Schottabstand von 1/12 und eine Steifigkeit der Schotte von $I_Q/I_x = 2,0 \cdot 10^{-3}$, wenn man eine mittragende Breite des Kastens von 20 t zum Schott rechnet. Die Richtigkeit dieser angenommenen mittragenden Breite wurde durch die Messungen im Abschnitt 5.3 bestätigt.

Die Verteilung der Normalspannungen vom Hauptträger zum Nebenträger hin ist praktisch konstant, solange die Radlast nicht im untersuchten Feld steht.

Im Meßquerschnitt II dagegen ist immer ein leichter Abfall vom Haupt- zum Nebenträger hin zu beobachten (s. Abb. 10 a).

Der Querschnitt des Hohlkastens ist hier bereits quadratisch, daher wirkt nicht mehr die ganze Breite der Gurte bei der reinen Biegebeanspruchung mit. Außerdem ist der Untergurt geneigt, so daß an der Unterkante im Steg auch σ_y-Spannungen auftreten [6]. In Abbildung 10 a sind die gemessenen Spannungen für die Laststellung 1,2 und 4 eingetragen und mit den nach der üblichen Methode ermittelten konstant verlaufenden Normalspannungen verglichen. Bei Berücksichtigung der Zwischenbelastung erhöht sich die Längsspannung am Hauptträger von 272 kg/cm^2 auf 398 kg/cm^2 und stimmt mit den gemessenen Werten für die Laststellung 2 praktisch überein.

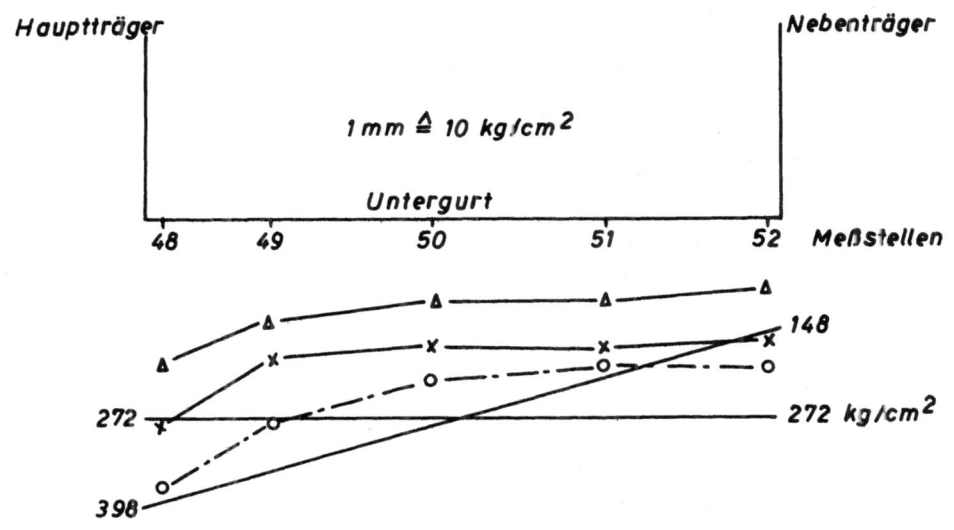

Abbildung 10 a

Errechnete und gemessene Spannungen (Querschnitt II)

gemessen: △────△ bei Laststellung 1   errechnet ─────

○──·──○ bei Laststellung 2

×────× bei Laststellung 3

5.2 Die Messungen an einem 70-t-Kran in Dortmund zeigten im Prinzip die gleichen Ergebnisse wie die Messungen an dem 120-t-Gießkran. Bei einer Stützweite von l = 34,00 m betrug der Schottabstand 1/14 und die Steifigkeit der Schotte $I_Q/I_x = 1,86 \cdot 10^{-3}$.

Der Verlauf der Normalspannungen war in den Gurten konstant und, erst, wenn die Radlast im untersuchten Feld stand, war ein leichter Abfall vom Haupt- zum Nebenträger hin zu erkennen.

5.3 Beanspruchung der Schottwände

Die größte Beanspruchung tritt auf, wenn die Radlast P genau an dem Schott steht. In der üblichen Berechnungsweise wird das Schott als geschlossener Rahmen aufgefaßt und die Belastung aufgespalten (s. Abb. 11). Am Nebenträger verbleibt dann eine Querkraft von P/4. Aus Symmetriegründen muß diese Querkraft je zur Hälfte durch den oberen und den unteren Riegel wandern. Ferner ist aus Symmetriegründen das Biegemoment in Mitte Riegel sowie Stiel gleich Null. In den Rahmenecken entsteht dann ein Biegemoment von $M = \frac{1}{2} \cdot \frac{P}{4} \cdot \frac{b}{2} = \frac{P \cdot b}{16}$ (M = 4,05 tm), das nur eine grobe Näherung darstellt.

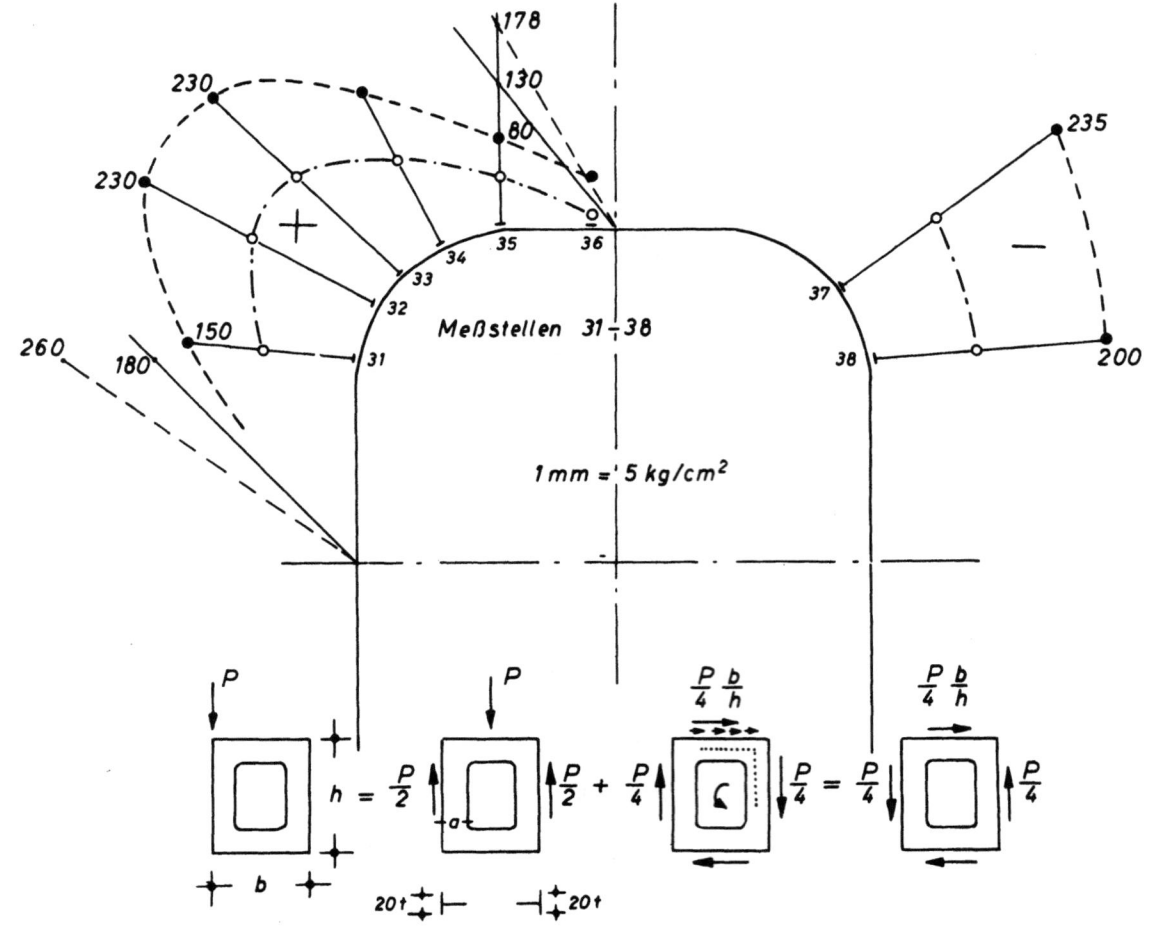

Abbildung 11

Spannungsverteilung am nicht verstärkten Innenrand des Querschottes

Meßquerschnitt III

● — — ● gemessen bei Laststellung 3

○ — · — ○ gemessen bei Laststellung 2

— — — übliche Berechnung (M = 4,05)

———— genauere Berechnung (M = 2,27)

Berücksichtigt man in genauerer Berechnung, daß die Belastung des Rahmens durch Schubkräfte am Außenrand erfolgt, so ergibt sich ein kleineres Moment (M = 2,27 tm). $M = \frac{P \cdot b}{16}\left(1 - \frac{a}{b} - \frac{a}{h}\right)$. (8)

Die mit Hilfe der Momente ermittelten linearen Biegespannungen können nur bis zum Beginn der Ausrundungen angenähert gelten. Die ausgerundeten Ecken selbst sind dagegen als Scheiben aufzufassen.

In Abbildung 11 sind die errechneten und die gemessenen Spannungen gegenübergestellt. Die Meßstellen 31 und 35 zeigen, daß beide Berechnungsverfahren zu große Werte liefern, obwohl eine mittragende Breite des Kastens von 20 t (t = Stegdicke des Kastens) zum Rahmen gerechnet wurde.

Die Frage, wie weit die Kastenträgerwände für die Querschotte als mittragend angenommen werden können, ist ebenfalls durch Messungen untersucht worden.

In unmittelbarer Nähe des Schottes wird der Kasten in zwei zueinander senkrecht stehenden Richtungen beansprucht.

In verschiedenen Abständen vom Schott aufgeklebte Meßstreifen lassen deutlich einen Anstieg der Beanspruchungen parallel zum Schott erkennen, der sich auf eine Breite von 15 t erstreckt.

Wie der Vergleich mit den gemessenen Spannungen (Abb. 11) gezeigt hat, ergibt die Berechnung auch bei Berücksichtigung einer mittragenden Breite von 20 t noch zu große Werte für die Schottbeanspruchung.

Die Beanspruchungen im Kasten in Längs- und in Umfangsrichtung sind zu Vergleichsspannungen zusammenzufassen.

6. Einleitung der Radlast in den Kasten

Für eine Stellung der Radlast zwischen zwei Querschotten erfährt das Stegblech des Hauptträgers Beanspruchungen in senkrechter Richtung, die bei der üblichen Berechnung nicht berücksichtigt werden. Die Radlast wird durch die biegesteife Schiene oder den Gurt verteilt und in das Stegblech eingeleitet. Die Kenntnis dieser Kraftverteilung ist erforderlich für die Bemessung der Verbindungsmittel zwischen Gurt und Steg, sowie für die Beurteilung der Beulgefahr im Stegblech.

Nach DIN 120 soll der obere Rand des Stegbleches so bearbeitet werden, daß eine Kontaktübertragung des Schienendruckes möglich ist. Andernfalls ist der Raddruck unter $45°$ zu verteilen und die Verbindungsmittel sind dafür zu bemessen.

Bei der Ermittlung der Krafteinleitung in das Stegblech wird oft eine Verteilungsbreite unter einem bestimmten Winkel angenommen (s. Abb. 12) und innerhalb dieser Breite die Pressung konstant oder auch parabelförmig verteilt. Diese Annahmen sind aber sehr unbefriedigend (s. Stahlbau 1940, S. 25).

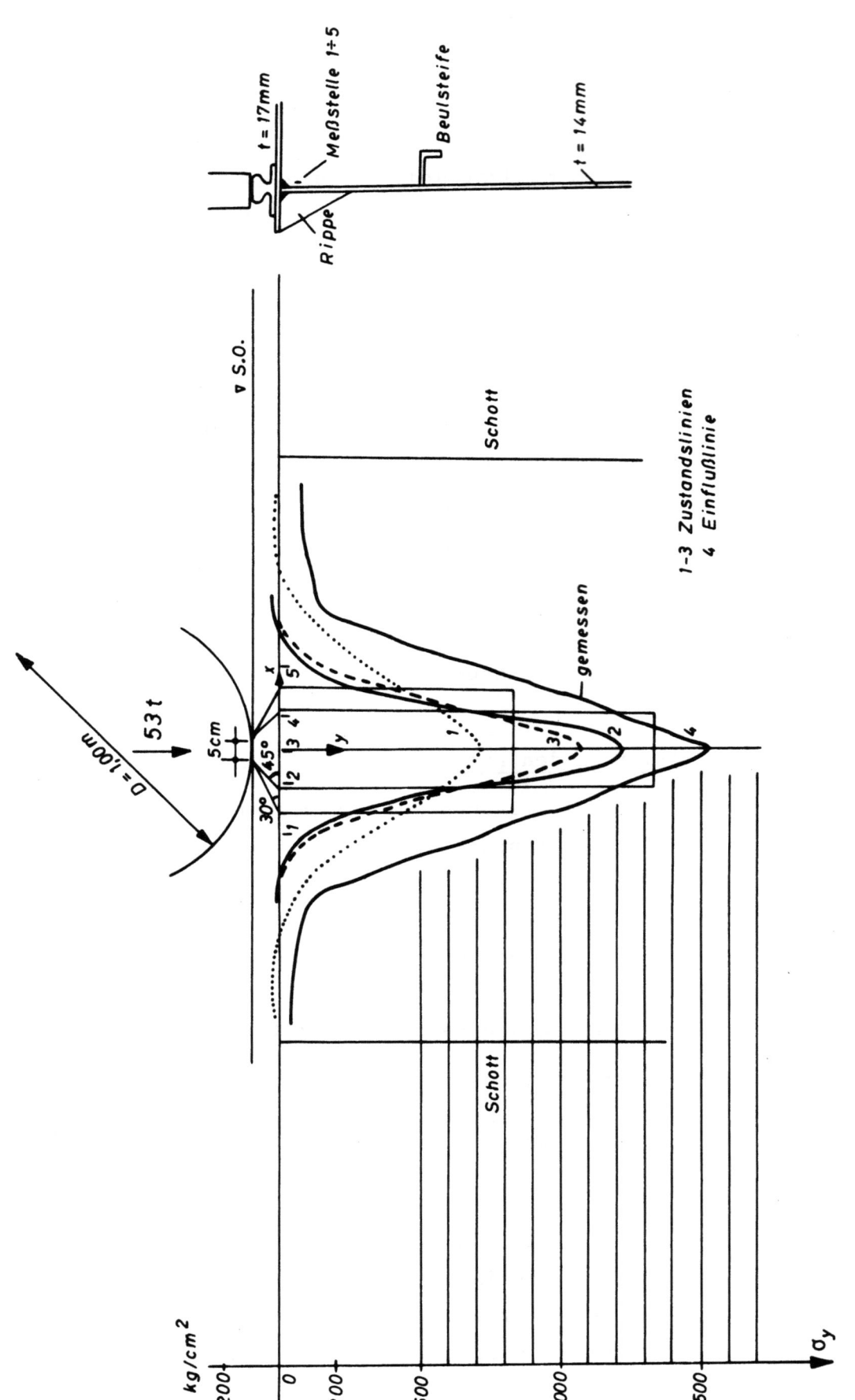

Abbildung 12

Spannungsverteilung unterhalb eines Katzrades im Stegblech des Hauptträgers

Denkt man sich die unendlich lange Schiene, die eine Einzellast P trägt, durch das Stegblech elastisch gestützt und setzt die Durchbiegung der Schiene gleich der Durchbiegung der elastischen Stützung, dann erhält man nach HAYASHI [7] folgende Verteilung der Radlast längs des Stegblechrandes

$$p(x) = t \cdot \sigma_y = \frac{P}{2L} \cdot e^{-|x/L|} \cdot \left(\cos|x/L| + \sin|x/L| \right) \qquad (9)$$

$$L = \sqrt[4]{\frac{4 I_G b}{t}} \qquad (10)$$

darin bedeuten

P die Radlast, t die Dicke und b die Höhe des Stegbleches, I_G das Trägheitsmoment der Schiene.

Für den in Abbildung 1 gezeigten Kastenträger ergibt sich bei einer Radlast von 53 t der punktierte Verlauf der Kraftverteilung mit einer Spitzenordinate von 710 kg/cm^2 (Abb. 12).

Für die Beuluntersuchung des Stegbleches wird die Beanspruchung im Gesamtfeld benötigt, also auch die Verteilung in der y-Richtung. Nach K. GIRKMANN [8] denkt man sich die Radlast in Oberkante Schiene auf eine Breite von 2 c gleichmäßig verteilt und stellt diese Belastung der Schiene durch eine Fourierreihe dar

$$P(x) = \frac{2 \cdot P}{\pi c} \sum \frac{1}{n} \sin \frac{n \pi c}{l} \cdot \cos \frac{n \pi x}{l} \qquad (n = 1, 3, 5 \ldots) \quad . \qquad (11)$$

Gestützt wird die Schiene durch die gesuchte Lastverteilung, die ebenfalls in einer Reihe

$$p(x) = \Sigma p_n \cos \frac{n \pi x}{l} \qquad (12)$$

angeschrieben wird.

Faßt man das Stegblech als Scheibe auf, dann läßt sich deren Spannungszustand aus den Lasten p(x) durch die folgende Airy-sche Spannungsfunktion beschreiben

$$F = \Sigma \frac{l^2}{\pi^2 n^2} \left\{ c_{1n} \cdot e^{n \pi y / l} + c_{2n} \cdot e^{-n \pi y / l} + c_{3n} \frac{n \pi y}{l} \cdot e^{n \pi y / l} + c_{4n} \frac{n \pi y}{l} \cdot e^{-n \pi y / l} \right\} \cos \frac{n \pi x}{l} \qquad (13)$$

Die Spannungen ergeben sich aus den bekannten Beziehungen

$$\sigma_x = \frac{\partial^2 F}{\partial y^2} \quad ; \quad \sigma_y = \frac{\partial^2 F}{\partial x^2} \quad ; \quad \tau = -\frac{\partial^2 F}{\partial x \partial y} \quad . \qquad (14a,b,c)$$

Setzt man die Durchbiegung der Schiene und der Scheibe gleich, dann läßt sich p_n aus dieser Bedingung ermitteln.

Da sich die Spannungen σ_y nur über ein Balkenstück erstrecken, dessen Länge ungefähr gleich der Trägerhöhe ist, genügt es, wenn man die Länge der Halbperiode l gleich der Trägerhöhe annimmt.

Im vorliegenden Fall des Kastenträgers ist der Schottabstand a meist ungefähr gleich der Trägerhöhe. Für die Halbperiode l wird daher der Schottabstand a eingeführt. Nach GIRKMANN läßt sich auch zeigen, daß die Lastverteilung p(x) bei üblichem Abstand durch die Schotte nicht gestört wird, da sie außerhalb der wirksamen Länge liegen, d.h. p(x) ist bis zu den Schotten bereits abgeklungen (s. Abb. 12).

Die Konstanten $c_{1n} \div c_{4n}$ sind aus den Randbedingungen bestimmbar. Am belasteten Rande y = 0 gilt $\sigma_y = -p_n/t$ und am unbelasteten Rande y = b gilt $\sigma_y = 0$. Die Bedingungsgleichungen für die Schubkräfte an den Rändern y = 0 und y = b lauten

$$s(x) = Q(x)\frac{\delta}{l} = \frac{\delta}{l}\int_0^x p(x)\,dx \ . \tag{15}$$

Im vorliegenden Fall des Kastenträgers, über dessen Hauptträger die Radlast steht, kann nach eigener Untersuchung bei der Ermittlung von γ u. I ein Drittel der gesamten Gurtbreite berücksichtigt werden.

In Abbildung 12 ist die so ermittelte Kraftverteilung p(x) für eine Radlast von P = 53 t eingetragen. Bei einer angenommenen Breite von 2 c = 23 cm beträgt die Spitzenordinate σ_y = - 1080 kg/cm² (----) und bei 2 c = 5 cm σ_y = - 1232 kg/cm² (———). Die Konvergenz der Reihenentwicklungen war dabei verhältnismäßig gut, so daß bereits nach sieben Gliedern abgebrochen werden konnte.

Die Untersuchung für 2 c = 23 cm wurde lediglich durchgeführt, um den Einfluß dieser angenommenen Verteilungsbreite zu ersehen.

Zur Kontrolle der nach HAYASHI und GIRKMANN ermittelten Lastverteilung p(x) wurde an dem bereits erwähnten 120-t-Gießkran der deutschen Edelstahlwerke in Krefeld die Lastverteilung mit Hilfe von Dehnungsmeßstreifen gemessen. Die Anordnung der Meßstreifen in y-Richtung ist aus Abbildung 12 zu ersehen. Zunächst wurde das Katzfahrwerk mit einem Rad über den mittelsten Meßstreifen (3) gestellt, die Last angehoben und wieder abgesenkt. Dieser Vorgang wurde mehrfach für alle Meßstellen wiederholt. Anschließend wurde das Katzfahrwerk mit angehängter Nutzlast

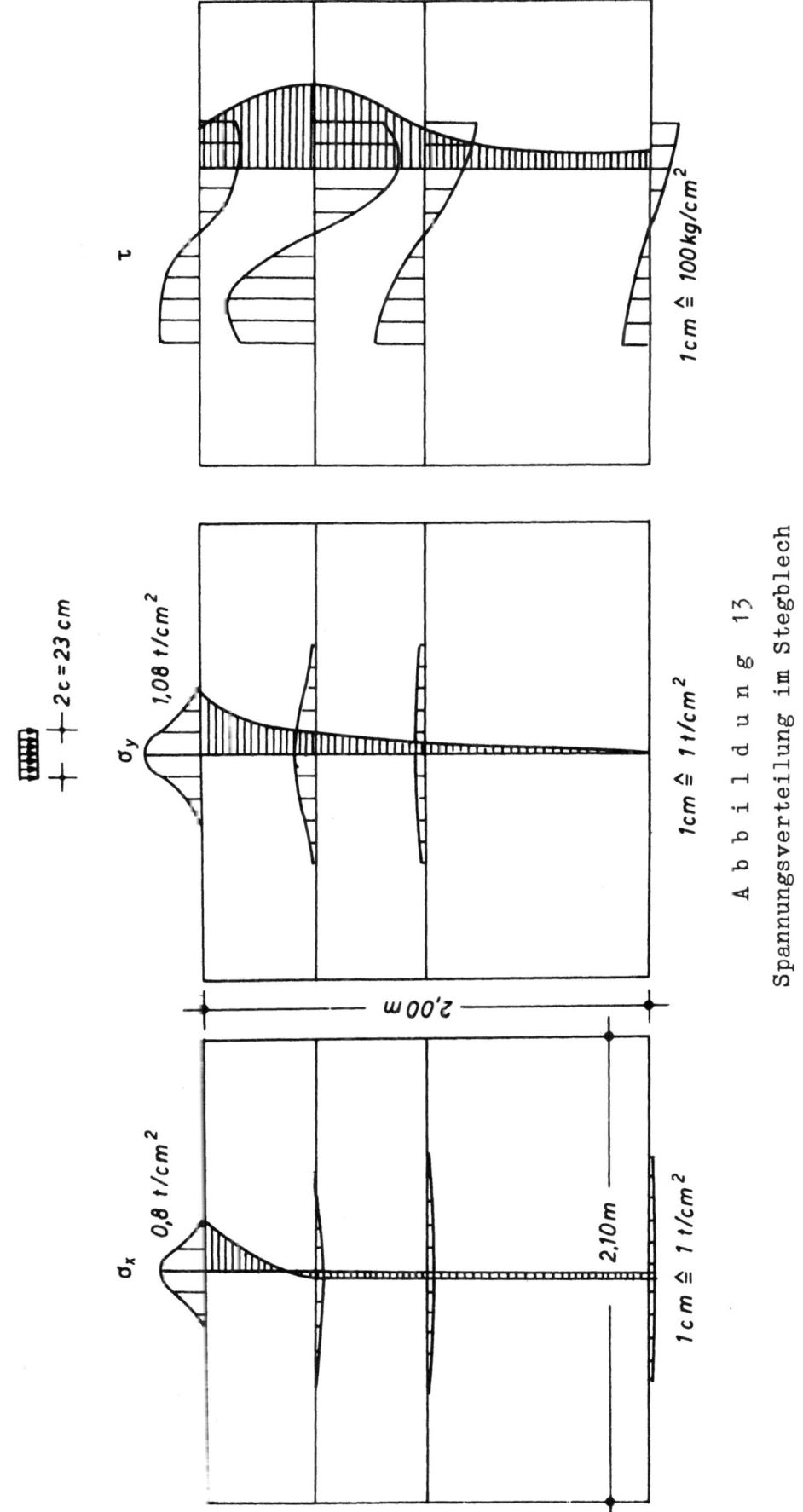

Abbildung 13
Spannungsverteilung im Stegblech

von einem bis zum anderen Ende des Kranträgers verfahren und dabei die Einflußlinie für σ_y an der Meßstelle 3 aufgenommen. Sie ist ebenfalls in Abbildung 12 eingezeichnet und ergab eine Spannungsspitze von 1540 kg/cm^2.

Da die Radlast P durch die verteilte Belastung p(x) in das Stegblech eingeleitet wird, muß die Fläche über p(x) gleich P sein ($\sigma_y \cdot t = p_x$). Dies trifft für alle rechnerisch ermittelten Verteilungen auch zu. Die Messungen waren leider durch die außen am Kasten angeordneten Rippen gestört; möglicherweise lag auch noch ein Biegeeinfluß vor, der dann auftritt, wenn das Rad nicht mittig über die Schiene läuft.

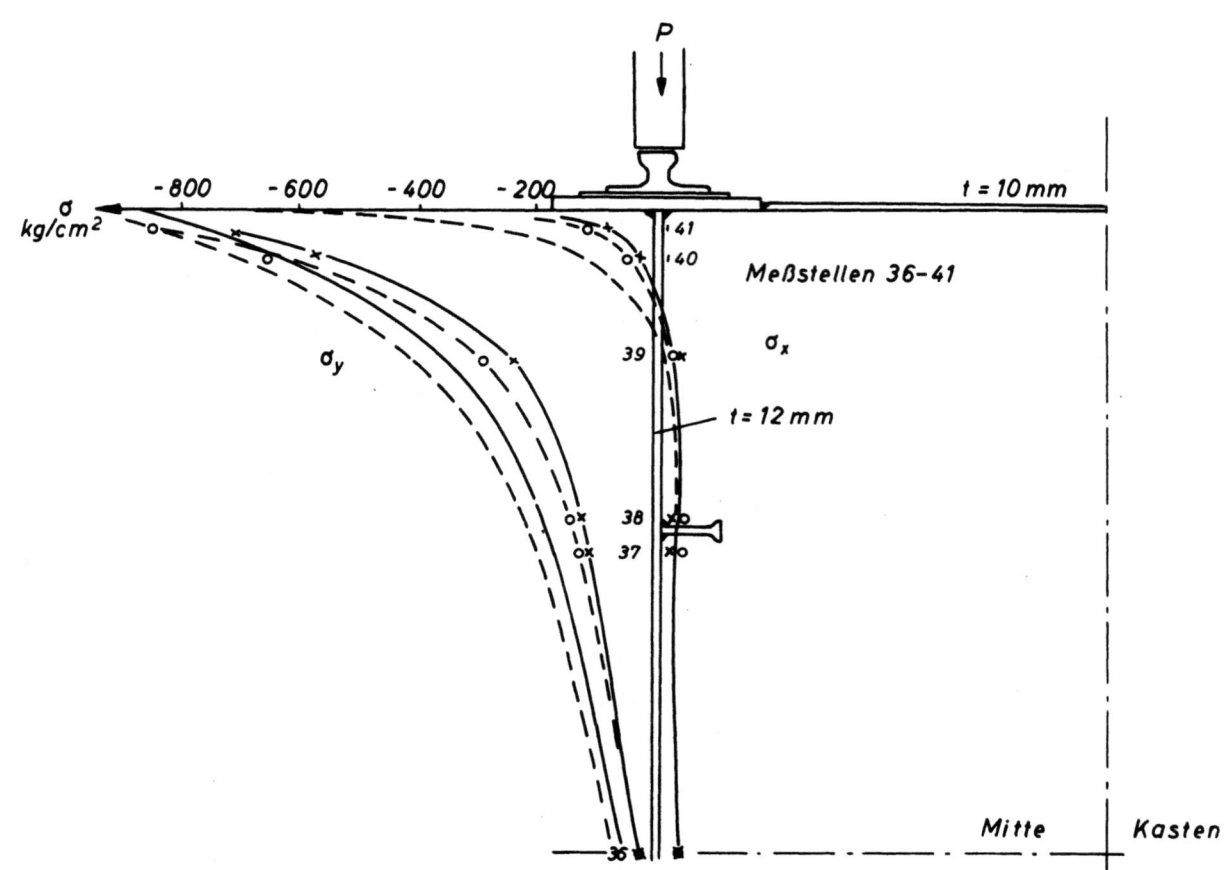

Abbildung 13 a

Spannungsverteilung im Hauptträger

70-t-Kran

×———× rechtes Katzrad P = 22   t gemessen

———   gerechnet

o----o linkes Katzrad P = 25,5 t gemessen

- - - -   gerechnet

Um diese nicht ganz befriedigenden Ergebnisse zu überprüfen, wurde die Spannungsverteilung infolge der Krafteinteilung auch noch an einem 70-t-Kran (in Dortmund) gemessen (Abb. 13 a). Diese Messungen waren nicht gestört und ergaben eine fast vollständige Übereinstimmung mit den in Abbildung 13 dargestellten Ergebnissen der Berechnung nach der Scheibentheorie, wobei eine Verteilung der Radlast auf der Schiene von 2 c = 5 cm angenommen war. Infolgedessen konnten diese Beanspruchungen der Beuluntersuchung zugrundegelegt werden.

7. Die Beuluntersuchung des Stegblechfeldes mit einer Radlast zwischen zwei Quersteifen

Die Abmessungen und die Belastungen eines Kastenträgers sind in Abbildung 14 dargestellt. Die Beanspruchung des auf Beulung zu untersuchenden Feldes 1 bis 2 setzt sich aus zwei Teilbeträgen zusammen aus σ_{x1} und τ_1 des gesamten Trägers und aus σ_{x2}, σ_{y2} und τ_2 infolge der Feldlast P. Nach dem vorherigen Abschnitt kann man bei der Ermittlung der Beanspruchung aus der Feldlast statt der Halbperiode 1 ein Trägerstück heranziehen, das gleich der Trägerhöhe ist und gelangt damit zu schneller konvergierenden Reihenentwicklungen. Für die Ermittlung der elementaren Spannungen σ_{x1} und τ_1 wird dann $\frac{P}{2}$ in Punkt 1 und 2 angesetzt. Der Spannungszustand im Feld 1 bis 2 ist zur y-Achse symmetrisch.

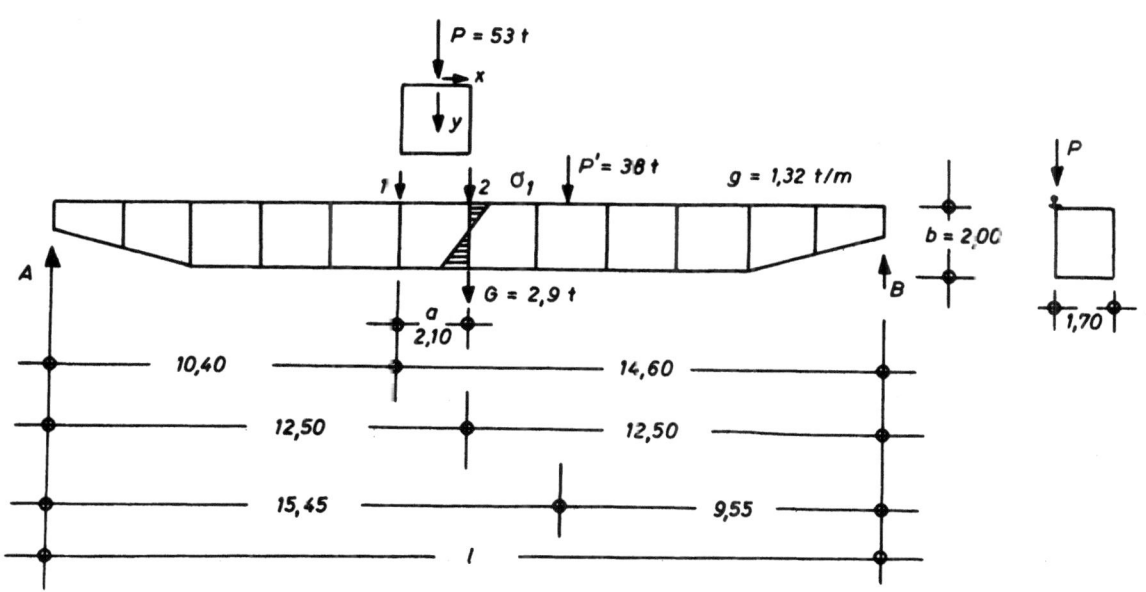

Abbildung 14
Belastung des Beulfeldes

Die Beulbedingungen werden unter den üblichen Voraussetzungen aufgestellt: Das Beulfeld soll ringsherum einspannungsfrei gelagert sein, die Lasten werden mittig in ein ideal-ebenes Blech eingeleitet, die Steife soll mittig liegen. Da die Belastung des Beulfeldes sehr kompliziert ist, wird zur Lösung der Stabilitätsaufgabe die Energiemethode herangezogen. Gefragt ist nach jener Belastung des Beulfeldes, unter der das Gleichgewicht instabil wird. An diese Verzweigungsstelle des Gleichgewichtes gelangt die Platte dann, wenn der von den äußeren Kräften beim Übergang von der ebenen in die ausgewölbte Gleichgewichtslage geleistete Arbeitsbeitrag gleich ist dem Zuwachs an Formänderungsenergie. Im Ausdruck für die gesamte potentielle Energie ε ist nur der Anteil $\Delta\varepsilon$ von der Auswölbung $w=f(x,y)$ abhängig. Im indifferenten Gleichgewichtszustand muß mindestens noch ein Nachbarzustand mit unveränderter Belastung möglich sein, für den die 1. Variation seiner potentiellen Energie verschwindet. Die Bedingung für das Erreichen der Stabilitätsgrenze lautet daher $\delta(\Delta\varepsilon)=0$. Man wählt für den RITZschen Ansatz eine Beulform

$$w = \Sigma\Sigma A_{mn} \cos\frac{m\pi x}{a} \sin\frac{n\pi y}{b} \tag{16}$$

die bereits die geometrischen Randbedingungen erfüllt und berechnet die Beiwerte A_{mn} aus den Minimalforderungen

$$\frac{\partial(\Delta\varepsilon)}{\partial A_{mn}} = 0 \quad . \tag{17}$$

So erhält man ein lineares, homogenes Gleichungssystem, das nur dann für die Beiwerte A_{mn} eine von Null verschiedene Lösung hat, wenn seine Koeffizientendeterminante verschwindet.

Die Energiemethode ist eine Näherungslösung, bei der man sich je nach Wahl des RITZschen Ansatzes von oben her der kritischen Beullast nähert.

7.1 Da die Feldlast P eine zur y-Achse spiegelsymmetrische Beulung anstrebt, wurde in den Untersuchungen von GIRKMANN [8] angenommen, daß auf eine Beulform mit einer Halbwelle in x-Richtung gleich eine solche mit drei Halbwellen folgt. Für die Auswölbung $w(x,y)$ wird daher zunächst ebenfalls der Ansatz mit m = 1,3; n = 1,2,3,4 gewählt. Die einzelnen Potentialanteile lauten: (siehe auch KLÖPPEL [9])

7.1.1 Inneres Potential der Platte

$$\Delta\varepsilon_i^{Pl} = \frac{N}{2} \int_{-a/2}^{a/2} \int_0^b \left[(\omega_{xx}+\omega_{yy})^2 - 2(1-\mu)(\omega_{xx}\cdot\omega_{yy} - \omega_{xy}^2)\right] dx\, dy \tag{18}$$

darin ist $N = \frac{E\cdot t^3}{12(1-\mu^2)}$ die Plattensteifigkeit und t die Blechdicke.

7.1.2 Äußeres Potential der Platte infolge σ_{x_1}

$$\Delta \varepsilon_a^{Pl} (\sigma_{x_1}) = -\frac{t}{2} \cdot \int_0^b \int_{-a/2}^{a/2} \sigma_{x_1} \cdot \omega_x^2 \, dy \, dx \tag{19}$$

$$\sigma_{x_1} = \sigma_1 \left(1 - \frac{2y}{b}\right) . \tag{20}$$

7.1.3 Das äußere Potential der Platte infolge τ_1

wird für den gewählten Ansatz Null.

7.1.4 Das innere Potential der Steife

Die Längssteife ist im Abstand $y = \eta \cdot b$ vom oberen Blechrand angeordnet. Ihr Trägheitsmoment I_L wird entsprechend DIN 4114 Bl. 2 Ri. 18.13 eingeführt.

$$\Delta \varepsilon_i^{St} = \frac{E \cdot I_L}{2} \int_{-a/2}^{a/2} \omega_{xx}^2 (y = \eta b) \, dx . \tag{21}$$

7.1.5 Das äußere Potential der Steife infolge σ_{x_1}

$$\Delta \varepsilon_a^{St} = \frac{F_L}{2} \sigma_x^L \int_{-a/2}^{a/2} \omega_x^2 (y = \eta b) \, dx \quad ; \quad \sigma_x^L = -(1 - 2\eta) \sigma_1 . \tag{22}$$
$$\tag{23}$$

7.1.6 Äußeres Potential der Platte infolge σ_{x_2}

$$\Delta \varepsilon_a^{Pl} = \frac{t}{2} \int_{-a/2}^{a/2} \int_0^b \sigma_{x_2} \cdot \omega_x^2 \, dx \, dy . \tag{24}$$

Aus der Scheibenberechnung für die Teilbelastung im Feld 1 bis 2 ergibt sich nach dem Abschnitt 6

$$\sigma_{x_2} = \sum_n \left[(c_{1n} + 2c_{3n}) e^{\frac{n\pi y}{a}} + (c_{2n} - 2c_{4n}) e^{-\frac{n\pi y}{a}} + c_{3n} \frac{n\pi y}{a} \cdot e^{\frac{n\pi y}{a}} + c_{4n} \frac{n\pi y}{a} \cdot e^{-\frac{n\pi y}{a}} \right] \cos \frac{n\pi x}{a} \tag{25}$$

Für die Beuluntersuchung wurden in der Reihenentwicklung für σ_{x_2} vier Glieder mit n = 1, 3, 5, 7 berücksichtigt.

7.1.7 Äußeres Potential der Platte infolge σ_{y_2}

$$\Delta \varepsilon_a^{Pl} = \frac{t}{2} \int_{-a/2}^{a/2} \int_0^b \sigma_{y_2} \cdot \omega_y^2 \, dx \, dy \tag{26}$$

$$\sigma_{y_2} = -\sum_n \left(c_{1n} e^{\frac{n\pi y}{a}} + c_{2n} e^{-\frac{n\pi y}{a}} + c_{3n} \frac{n\pi y}{a} \cdot e^{\frac{n\pi y}{a}} + c_{4n} \frac{n\pi y}{a} \cdot e^{-\frac{n\pi y}{a}} \right) \cos \frac{n\pi x}{a} . \tag{27}$$

7.1.8 Äußeres Potential der Platte infolge τ_2

$$\Delta\varepsilon_a^{Pl} = t \cdot \int_{-a/2}^{a/2}\int_0^b \tau_2 \omega_x \cdot \omega_y \, dx\, dy \qquad (28)$$

$$\tau_2 = -\sum_n \left[(c_{1n}+c_{3n})e^{\frac{n\pi y}{a}} - (c_{2n}-c_{4n})e^{-\frac{n\pi y}{a}} + c_{3n}\frac{n\pi y}{a}\cdot e^{\frac{n\pi y}{a}} - c_{4n}\frac{n\pi y}{a}\cdot e^{-\frac{n\pi y}{a}} \right]\sin\frac{n\pi x}{a} \qquad (29)$$

In diese Ausdrücke für $\Delta\varepsilon$ sind die jeweiligen Ableitungen von $\omega(x,y)$ sowie die Beanspruchungen σ, τ einzusetzen. Die Auswertung der Potentiale erfordert die Auflösung einer großen Anzahl von Integralen und verursacht dadurch einen erheblichen Rechenaufwand. So mußten allein für das äußere Potential der Platte infolge τ_2 69 Integrale aufgelöst werden.

Da die Spannungen σ_{x2}, σ_{y2}, τ_2 als Funktion von P angeschrieben wurden, muß auch σ_1 durch P ausgedrückt werden. Entstehen unter der Gebrauchslast Biegespannungen $\sigma_1 = K \cdot P$, so kann in den Beulgleichungen mit Hilfe der bekannten Größe K auch σ_1 in Abhängigkeit von P angeschrieben werden. Der kleinste, positive Eigenwert P der Determinante ist der gesuchte Beulwert, unter dem die Stabilitätsgrenze erreicht wird.

Die errechneten Werte P_{kr} und σ_{kr} gelten nur solange, als das Beulen unter rein elastischen Spannungen erfolgt.

Es ist also noch nachzuweisen, daß die Gesamtanstrengung des Beulfeldes

$$\sigma_{max} = \sqrt{\sigma_x^2 + \sigma_y^2 - \sigma_x\sigma_y + 3\tau^2} \qquad (30)$$

unter der Proportionalitätsgrenze des Baustoffes liegt. In allen Fällen, in denen σ_{max} oberhalb σ_P liegt, muß σ_{kr} und somit auch P_{kr} eine Abminderung erfahren, die nach DIN 4114, Tafel 7, vorgenommen werden kann.

Wenn sich nach Auflösung der Beuldeterminante ergibt, daß die in der DIN 4114 17.4 geforderte Beulsicherheit $v = 1,35$ bzw. $v = 1,25$ nicht vorhanden ist, dann muß der Nachweis mit stärkeren Steifen oder mit anderen Abmessungen wiederholt werden.

7.2 Zahlenbeispiel

Das Stegblechfeld 1 bis 2 in Abbildung 14 ist auf Beulung zu untersuchen. Werkstoff St. 52 Stegblechdicke $t = 14$ mm, $a = 2,10$ m $b = 2,00$ m Radlast $P = 53$ t, $P' = 38$ t.

Das Eigengewicht des Kastens einschließlich der maschinellen und elektrischen Ausrüstung beträgt g = 1,31 t/m. In Feldmitte hängt ein Kranführerkorb mit G = 2,9 t.

Mit der Stoßzahl φ = 1,2 und der Ausgleichszahl ψ = 1,6 der DIN 120 betragen die Normalspannungen nach der üblichen Berechnung

$$\text{im Punkt 1} \quad \sigma_{x_1} = -1,11 \text{ t/cm}^2$$
$$\text{im Punkt 2} \quad \sigma_{x_1} = -1,19 \text{ t/cm}^2$$

Für die Beuluntersuchung wird der Mittelwert von Punkt 1 und 2 also $\sigma_{x_1} = -1,15$ t/cm^2 eingeführt und dabei angenommen, daß diese Spannung über die Länge a des Beulfeldes konstant durchläuft. Ohne Aufteilung der Radlast auf die Punkte 1 und 2 würde sich unter P eine Normalspannung von $\sigma_{x_1} = -1,21$ t/cm^2 ergeben.

Als Längssteife wurde ein ∟ 65.130.10 mit I_L = 1840 cm^4 und F_L = 18,6 cm^2 im oberen Viertelspunkt des Beulfeldes also bei y = b/4 gewählt.

Für die Spannungen aus der Feldlast P ergibt sich für x = 0, y = 0 nach den Überlegungen des Abschnittes 6 aus der Scheibenberechnung mit 2 c = 5 cm

$$\sigma_{y_2} = -1,576 \text{ t/cm}^2 \qquad \sigma_{x_2} = -1,205 \text{ t/cm}^2.$$

Mit diesen Werten wurde die Beuldeterminante aufgestellt. Ihre Auflösung erfolgte nach dem GAUSSschen Algorithmus und lieferte bei dem einfachen Ansatz mit m = 1, n = 1,2,3,4, also mit einer Halbwelle in x-Richtung P_{kr} = 221 t und bei dem erweiterten Ansatz mit m = 1,3, n = 1,2,3,4 P_{kr} = 198 t (s. Tab. 1).

7.3 Ermittlung der Beulsicherheit durch angenäherte Belastungen

Die Beuluntersuchung mit Hilfe der Scheibenbelastung σ_{y_2}, σ_{x_2} und τ_2 ist sehr umfangreich. Die Belastungen des Beulfeldes sollen daher so vereinfacht werden, daß das Anschreiben der Beuldeterminante mit einem erträglichen Aufwand für die Praxis erfolgen kann. Dabei wird zunächst wieder der RITZsche Ansatz mit m = 1,3, n = 1,2,3,4 gewählt, so daß für die Ermittlung der Beullast wiederum ein 8gliedriges Gleichungssystem aufzulösen ist.

7.3.1 Belastung σ_{x_1}

In der Beuluntersuchung mit Hilfe der Scheibenbelastung war für σ_{x_1} mit einem Mittelwert von 1,15 t/cm^2 gerechnet worden (s. Abschnitt 7.2).

Für die Näherung wird angenommen, daß die größte unter P auftretende Normalspannung aus der Trägerwirkung (σ_{x_1} = - 1,21 t/cm^2) auf der ganzen Länge a des Beulfeldes wirkt.

7.3.2 Belastung σ_{x_2}

Diese Belastung aus der Scheibentheorie wird in der Näherung vernachlässigt. Ihr Einfluß soll durch den größeren Wert σ_{x_1} = - 1,21 t/cm^2 aus der Trägerwirkung erfaßt werden.

7.3.3 Belastung σ_{y_2}

Für die Näherung wird die Schiene als Träger auf elastischer Bettung angesehen, so daß sich der Verlauf der σ_y -Spannungen in x-Richtung nach dem Abschnitt 6 ergibt; (s. Abb. 12) während ihre Verteilung in y-Richtung linear angenommen werden soll. Dann wird

$$\sigma_y = -\frac{P}{2Lt} \cdot e^{-\frac{x}{L}} \cdot \left(\cos\frac{x}{L} + \sin\frac{x}{L}\right) \cdot \left(1 - \frac{y}{b}\right) . \tag{31}$$

Mit den Werten $\psi \cdot P$ = 53,0 · 1,6 = 84,8 t, L = 26,75 cm, t = 1,4 cm ergibt sich dann eine Spitzenordinate bei x = 0, y = 0 von

$$\sigma_y = -\frac{84,8}{2 \cdot 26,75 \cdot 1,4} = -1,13 \text{ t/cm}^2 . \tag{32}$$

7.3.4 Belastung τ_2

In der Näherung wird τ_2 aus der Scheibentheorie vernachlässigt.

Die Auflösung der Beuldeterminante für die idealisierten Beanspruchungen ergibt bei dem einfachen Ansatz m = 1, n = 1,2,3,4 eine Beullast von P_{kr} = 220 t und bei dem erweiterten Ansatz mit m = 1,3, n = 1,2,3,4 P_{kr} = 194,5 t (s. Tab. 1). Der Vergleich dieser Werte mit den Ergebnissen der Beuluntersuchung für die tatsächlichen Beanspruchungen zeigt eine praktische Übereinstimmung.

Die sehr umfangreiche und aufwendige Beuluntersuchung für die Belastung aus der Scheibentheorie kann also bei Einführung der besprochenen idealisierten Belastung wesentlich vereinfacht werden. Allerdings ist auch dann noch ein 8gliedriges Gleichungssystem aufzulösen.

7.4 Ermittlung der Beulsicherheit bei idealisierter Belastung und dem Ansatz m = 1,(2+4), n = 1,2,3,4

Bei den bisherigen Untersuchungen war für den RITZschen Ansatz eine Beulform mit m = 1,3 und n = 1,2,3,4 Halbwellen gewählt worden. Es ist

daher noch festzustellen, ob nicht ein anderer Ansatz eine kleinere
kritische Last liefert; z.B. der Ansatz

$$\omega = \cos\frac{\pi x}{a}\left(A_{11}\sin\frac{\pi y}{b} + A_{12}\sin\frac{2\pi y}{b} + A_{13}\sin\frac{3\pi y}{b} + A_{14}\sin\frac{4\pi y}{b}\right) \quad (33)$$
$$+ \left(\cos\frac{2\pi x}{a} + \cos\frac{4\pi x}{a}\right)\left(A_{21}\sin\frac{\pi y}{b} + A_{22}\sin\frac{2\pi y}{b} + A_{23}\sin\frac{3\pi y}{b} + A_{24}\sin\frac{4\pi y}{b}\right).$$

Dieser Ansatz erfüllt ebenfalls die geometrischen Randbedingungen und führt wieder auf ein 8gliedriges Gleichungssystem. Da dieser Ansatz tatsächlich kleinere kritische Lasten liefert, soll das Anschreiben der Beuldeterminante für die idealisierte Belastung so weit vorbereitet werden, daß die Beuluntersuchung mit erträglichem Aufwand durchgeführt werden kann.

7.4.1 Inneres Potential der Platte (vgl. [9])

$$\frac{\partial(\Delta\varepsilon_i)}{\partial A_{mn}} = \frac{A_{mn}}{c} \cdot (m^2 + \alpha^2 \cdot n^2)^2 \quad (34)$$

$$\frac{\partial(\Delta\varepsilon)}{\partial A_{11}} = \frac{1}{c} \cdot A_{11}(1^2 + \alpha^2 \cdot 1^2)^2 \quad (34a)$$

$$\frac{\partial(\Delta\varepsilon)}{\partial A_{12}} = \frac{1}{c} \cdot A_{12}(1^2 + \alpha^2 \cdot 2^2)^2 \quad (34b)$$

$$\frac{\partial(\Delta\varepsilon)}{\partial A_{13}} = \frac{1}{c} \cdot A_{13}(1^2 + \alpha^2 \cdot 3^2)^2 \quad (34c)$$

$$\frac{\partial(\Delta\varepsilon)}{\partial A_{14}} = \frac{1}{c} \cdot A_{14}(1^2 + \alpha^2 \cdot 4^2)^2 \quad (34d)$$

$$\frac{\partial(\Delta\varepsilon)}{\partial A_{21}} = \frac{1}{c} \cdot A_{21}\left[(4 + \alpha^2 \cdot 1^2)^2 + (16 + \alpha^2 \cdot 1^2)^2\right] \quad (34e)$$

$$\frac{\partial(\Delta\varepsilon)}{\partial A_{22}} = \frac{1}{c} \cdot A_{22}\left[(4 + \alpha^2 \cdot 4)^2 + (16 + \alpha^2 \cdot 4)^2\right] \quad (34f)$$

$$\frac{\partial(\Delta\varepsilon)}{\partial A_{23}} = \frac{1}{c} \cdot A_{23}\left[(4 + \alpha^2 \cdot 9)^2 + (16 + \alpha^2 \cdot 9)^2\right] \quad (34g)$$

$$\frac{\partial(\Delta\varepsilon)}{\partial A_{24}} = \frac{1}{c} \cdot A_{24}\left[(4 + \alpha^2 \cdot 16)^2 + (16 + \alpha^2 \cdot 16)^2\right] \quad (34h)$$

$$\text{mit } c = \frac{4 \cdot a^3}{b \cdot \pi^4 \cdot N} \quad (35) \qquad N = \frac{E \cdot t^3}{12(1-\mu^2)} \quad . \quad (36)$$

7.4.2 Äußeres Potential der Platte infolge σ_{x_1}

$$\frac{\partial(\Delta\varepsilon)}{\partial A_{11}} = -\frac{t \cdot b}{a} \cdot \sigma_1 \left[\frac{8}{9} A_{12} + \frac{16}{225} A_{14}\right] \tag{37a}$$

$$\frac{\partial(\Delta\varepsilon)}{\partial A_{12}} = -\frac{t \cdot b}{a} \cdot \sigma_1 \left[\frac{8}{9} A_{11} + \frac{24}{25} A_{13}\right] \tag{37b}$$

$$\frac{\partial(\Delta\varepsilon)}{\partial A_{13}} = -\frac{t \cdot b}{a} \cdot \sigma_1 \left[\frac{24}{25} A_{12} + \frac{48}{49} A_{14}\right] \tag{37c}$$

$$\frac{\partial(\Delta\varepsilon)}{\partial A_{14}} = -\frac{t \cdot b}{a} \cdot \sigma_1 \left[\frac{16}{225} A_{11} + \frac{48}{49} A_{13}\right] \tag{37d}$$

In diesen Gleichungen ist wiederum entsprechend Abschnitt 7.1 σ_1 durch P auszudrücken.

Die restlichen Gleichungen (37e bis h) lassen sich besonders leicht ermitteln. Sie betragen für den Ansatz m = 2, n = 1,2,3,4 das 4fache der Gleichungen (37a) bis (37d) und für den Ansatz m = 4, n = 1,2,3,4 das 16fache, also insgesamt das 20fache der Gleichungen (37a) bis (37d).

Bei den Beiwerten A_{mn} ist lediglich m = 1 durch m = 2 zu ersetzen.

$$\left.\begin{array}{l}(37e)\\(37f)\\(37g)\\(37h)\end{array}\right\} \text{betragen das 20fache von Gl.} \left\{\begin{array}{l}(37a)\\(37b)\\(37c)\\(37d)\end{array}\right.$$

7.4.3 Das innere Potential der Steife

$$\frac{\partial(\Delta\varepsilon)}{\partial A_{11}} = \frac{\pi^4 E I_L}{2a^3} (A_{11} \cdot \sin^2\eta\pi + A_{12} \sin\eta\pi \cdot \sin 2\eta\pi + A_{13} \sin\eta\pi \cdot \sin 3\eta\pi) \tag{38a}$$

$$\frac{\partial(\Delta\varepsilon)}{\partial A_{12}} = \frac{\pi^4 E I_L}{2a^3} (A_{11} \cdot \sin\eta\pi \cdot \sin 2\eta\pi + A_{12} \sin^2 2\eta\pi + A_{13} \sin 2\eta\pi \cdot \sin 3\eta\pi) \tag{38b}$$

$$\frac{\partial(\Delta\varepsilon)}{\partial A_{13}} = \frac{\pi^4 E I_L}{2a^3} (A_{11} \cdot \sin\eta\pi \cdot \sin 3\eta\pi + A_{12} \sin 2\eta\pi \cdot \sin 3\eta\pi + A_{13} \sin^2 3\eta\pi) \tag{38c}$$

$$(38d) = (38h) = 0$$

Die Gleichungen (38e, f, g) betragen das 272fache der Gleichungen (38a, b, c). In den Beiwerten $A_{m,n}$ ist wiederum m = 1 durch m = 2 zu ersetzen. η gibt den Abstand der Steife vom oberen Rand des Beulfeldes an. $y = \eta \cdot b$.

7.4.4 Das äußere Potential der Steife infolge σ_{x_1}

$$\frac{\partial(\Delta\varepsilon)}{\partial A_{11}} = -\frac{F_L(1-2\eta)}{2}\cdot\sigma_1\frac{\pi^2}{a}(A_{11}\sin^2\eta\pi + A_{12}\sin\eta\pi\sin 2\eta\pi + A_{13}\sin\eta\pi\sin 3\eta\pi) \quad (39a)$$

$$\frac{\partial(\Delta\varepsilon)}{\partial A_{12}} = -\frac{F_L(1-2\eta)}{2}\cdot\sigma_1\frac{\pi^2}{a}(A_{11}\sin\eta\pi\sin 2\eta\pi + A_{12}\sin^2 2\eta\pi + A_{13}\sin 2\eta\pi\sin 3\eta\pi) \quad (39b)$$

$$\frac{\partial(\Delta\varepsilon)}{\partial A_{13}} = -\frac{F_L(1-2\eta)}{2}\cdot\sigma_1\frac{\pi^2}{a}(A_{11}\sin\eta\pi\sin 3\eta\pi + A_{12}\sin 2\eta\pi\sin 3\eta\pi + A_{13}\sin^2 3\eta\pi) \quad (39c)$$

$$(39d) = (39h) = 0$$

Die Gleichungen (39e, f, g) betragen das 20-fache der Gleichungen (39a, b, c).

7.4.5 Das äußere Potential der Platte infolge σ_y

$$\frac{\partial(\Delta\varepsilon)}{\partial A_{11}} = -\frac{P\cdot\pi^2}{2b}\left[I_1\left(\frac{1}{2}A_{11}+\frac{20}{9\pi^2}A_{12}+\frac{16.17}{225\pi^2}A_{14}\right)+j\left(\frac{1}{2}A_{21}+\frac{40}{9\pi^2}A_{22}+\frac{32.17}{225\pi^2}A_{24}\right)\right] \quad (40a)$$

$$\frac{\partial(\Delta\varepsilon)}{\partial A_{12}} = -\frac{P\cdot\pi^2}{2b}\left[I_1\left(2A_{12}+\frac{20}{9\pi^2}A_{11}+\frac{24.13}{25\pi^2}A_{13}\right)+j\left(2A_{22}+\frac{40}{9\pi^2}A_{21}+\frac{48.13}{25\pi^2}A_{23}\right)\right] \quad (40b)$$

$$\frac{\partial(\Delta\varepsilon)}{\partial A_{13}} = -\frac{P\cdot\pi^2}{2b}\left[I_1\left(\frac{9}{2}A_{13}+\frac{24.13}{25\pi^2}A_{12}+\frac{48.25}{49\pi^2}A_{14}\right)+j\left(\frac{9}{2}A_{23}+\frac{48.13}{25\pi^2}A_{22}+\frac{96.25}{49\pi^2}A_{24}\right)\right] \quad (40c)$$

$$\frac{\partial(\Delta\varepsilon)}{\partial A_{14}} = -\frac{P\cdot\pi^2}{2b}\left[I_1\left(8A_{14}+\frac{48.25}{49\pi^2}A_{13}+\frac{16.17}{225\pi^2}A_{11}\right)+j\left(8A_{24}+\frac{96.25}{49\pi^2}A_{23}+\frac{32.17}{225\pi^2}A_{21}\right)\right] \quad (40d)$$

$$\frac{\partial(\Delta\varepsilon)}{\partial A_{21}} = -\frac{P\cdot\pi^2}{2b}\left[i\left(\frac{1}{2}A_{21}+\frac{20}{9\pi^2}A_{22}+\frac{16.17}{225\pi^2}A_{24}\right)+j\left(\frac{1}{2}A_{11}+\frac{40}{9\pi^2}A_{12}+\frac{32.17}{225\pi^2}A_{14}\right)\right] \quad (40e)$$

$$\frac{\partial(\Delta\varepsilon)}{\partial A_{22}} = -\frac{P\cdot\pi^2}{2b}\left[i\left(2A_{22}+\frac{20}{9\pi^2}A_{21}+\frac{24.13}{25\pi^2}A_{23}\right)+j\left(2A_{12}+\frac{40}{9\pi^2}A_{11}+\frac{48.13}{25\pi^2}A_{13}\right)\right] \quad (40f)$$

$$\frac{\partial(\Delta\varepsilon)}{\partial A_{23}} = -\frac{P\cdot\pi^2}{2b}\left[i\left(\frac{9}{2}A_{23}+\frac{24.13}{25\pi^2}A_{22}+\frac{48.25}{49\pi^2}A_{24}\right)+j\left(\frac{9}{2}A_{13}+\frac{48.13}{25\pi^2}A_{12}+\frac{96.25}{49\pi^2}A_{14}\right)\right] \quad (40g)$$

$$\frac{\partial(\Delta\varepsilon)}{\partial A_{24}} = -\frac{P\cdot\pi^2}{2b}\left[i\left(8A_{24}+\frac{48.25}{49\pi^2}A_{23}+\frac{16.17}{225\pi^2}A_{21}\right)+j\left(8A_{14}+\frac{96.25}{49\pi^2}A_{13}+\frac{32.17}{225\pi^2}A_{11}\right)\right]\cdot \quad (40h)$$

In diesen Gleichungen sind I_1, $i = (I_2 + I_3 + 2I_7 + 2I_8)$ und $j = (I_4 + 2I_5 + I_6)$ Hilfswerte. Das Potential der Platte infolge σ_y

$$\Delta\varepsilon = \frac{t}{2}\int_0^b\int_{-a/2}^{a/2}\sigma_y\cdot\omega_y^2\,dy\,dx \quad (41)$$

führt für die Integration in x-Richtung auf zwei Integrale von der allgemeinen Form

$$\text{I:} \quad \int_0^{a/2} e^{-\frac{x}{L}} \cdot \left(\cos\frac{x}{L} + \sin\frac{x}{L}\right) \cdot \cos^2\frac{\tau\pi x}{a} \cdot dx \qquad (42)$$

$$\text{II:} \quad \int_0^{a/2} e^{-\frac{x}{L}} \cdot \left(\cos\frac{x}{L} + \sin\frac{x}{L}\right) \cdot \cos\frac{u\pi x}{a} \cdot dx \qquad (43)$$

Die Lösung für das Integral I lautet:

$$\text{I.} \quad e^{-\frac{a}{2L}} \cdot \left\{ -\cos\frac{a}{2L} \cdot \cos^2\frac{\tau\pi}{2} + \frac{\tau\pi L}{2a} \left[\frac{\sin(\tau\pi + \frac{a}{2L}) + (2\frac{\tau\pi L}{a} + 1)\cdot\cos(\tau\pi + \frac{a}{2L})}{1 + (2\frac{\tau\pi L}{a} + 1)^2} \right. \right.$$
$$\left. + \frac{\sin(\tau\pi - \frac{a}{2L}) + (2\frac{\tau\pi L}{a} - 1)\cdot\cos(\tau\pi - \frac{a}{2L})}{1 + (2\frac{\tau\pi L}{a} - 1)^2} \right] \bigg\}$$
$$+ \left\{ 1 - \frac{\tau\pi L}{2a} \left[\frac{2\frac{\tau\pi L}{a} + 1}{1 + (2\frac{\tau\pi L}{a} + 1)^2} + \frac{2\frac{\tau\pi L}{a} - 1}{1 + (2\frac{\tau\pi L}{a} - 1)^2} \right] \right\} \qquad (44)$$

Darin sind bis auf τ nur noch Festwerte des Beulfeldes enthalten. Die Hilfswerte haben nun folgende Bedeutung:

I_1 ergibt sich aus Gleichung (44) mit r = 1
I_2 ergibt sich aus Gleichung (44) mit r = 2
I_3 ergibt sich aus Gleichung (44) mit r = 4

Die Lösung für das Integral II lautet:

$$\frac{1}{4} \cdot e^{-\frac{a}{2L}} \left\{ \frac{1}{1+(\frac{u\pi L}{a}+1)^2} \cdot \left[\frac{u\pi L}{a}\cdot\sin\left(\frac{u\pi}{2}+\frac{a}{2L}\right) - \left(\frac{u\pi L}{a}+2\right)\cdot\cos\left(\frac{u\pi}{2}+\frac{a}{2L}\right) \right] \right.$$
$$\left. + \frac{1}{1+(\frac{u\pi L}{a}-1)^2} \left[\frac{u\pi L}{a}\cdot\sin\left(\frac{u\pi}{2}-\frac{a}{2L}\right) + \left(\frac{u\pi L}{a}-2\right)\cdot\cos\left(\frac{u\pi}{2}-\frac{a}{2L}\right) \right] \right\}$$
$$- \frac{1}{4} \left\{ \frac{1}{1+(\frac{u\pi L}{a}+1)^2} \left[-\frac{u\pi L}{a}-2\right] + \frac{1}{1+(\frac{u\pi L}{a}-1)^2}\left[\frac{u\pi L}{a}-2\right] \right\} \qquad (45)$$

I_4 ergibt sich aus Gleichung (45) mit u = 1
I_5 ergibt sich aus Gleichung (45) mit u = 3
I_6 ergibt sich aus Gleichung (45) mit u = 5
I_7 ergibt sich aus Gleichung (45) mit u = 2
I_8 ergibt sich aus Gleichung (45) mit u = 6

7.4.6 Ergebnis

Mit Hilfe der Gleichungen aus 7.4.1 bis 7.4.5 kann die Beuldeterminante verhältnismäßig schnell angeschrieben werden. Ihre Lösung ergab für das durchgerechnete Beispiel mit m = 1, n = 1,2,3,4 eine kritische Last von $P_{K\tau}$ = 220 t und mit dem erweiterten Ansatz m = 1,(2+4), n = 1,2,3,4 $P_{K\tau}$ = 169 t, (s. Tab. 1).

T a b e l l e 1

Kritische Beullasten P_{kr}

Belastung Ansatz	σ_{x1}, σ_{x2}, σ_{y2}, τ_2 nach Scheibentheorie Steife in $y = b/4$	σ_x, σ_y nach Näherung Steife in $y = b/4$
1) $m = 1$, $n = 1,2,3,4$	221 t	220 t
2) $m = 1,3$, $n = 1,2,3,4$	198 t	194,5 t
3) $m = 1,(2+4)$ $n = 1,2,3,4$	-	169 t

8. Zusammenfassung

8.1 Die Steifigkeit der Schotte

Die bei der üblichen Berechnung von Hohlkästen für Torsionsbelastungen getroffene Annahme, daß die Verformungen der Querverbindungen oder Schotte vernachlässigbar klein bleiben, ist bereits genau genug erfüllt bei einem Verhältnis des Trägheitsmomentes des Schottrahmens I_Q zum Trägheitsmoment des Kastens I_x von $I_Q/I_x = 2,0 \cdot 10^{-3}$. Die Untersuchungen über den Einfluß der Schottsteifigkeiten (Abb. 7 a) haben gezeigt, daß bei dem genannten Verhältnis die Normalspannungen am Obergurt des Hauptträgers σ_1 und am Obergurt des Nebenträgers σ_2 an dem am stärksten beanspruchten Schottquerschnitt in Feldmitte praktisch gleich groß werden.

Bezeichnet b die Breite des Hohlkastens, dann genügt es bereits, den Schottrahmenquerschnitt mit einer Höhe von b/4 auszuführen, wobei auf eine Verstärkung des Innenrandes verzichtet werden kann. Eine Breite von $20 \cdot t$ (wobei t = Blechdicke der Kastenwände) kann dabei als mittragend zum Querschnitt des Schottrahmens gerechnet werden. Wesentlich wirkungsvoller ist es aber, den Innenrand der Schotte zu säumen. Dann genügt für die Höhe des Rahmenquerschnittes b/6, wodurch auch die Durchgangsöffnung größer wird.

8.2 Der Schottabstand

Die bei der üblichen Berechnung von Hohlkästen für Torsionsbelastungen getroffene Annahme, daß die Schotte sehr dicht liegen, kann bei wandernden Einzellasten - wie sie im Kranbau durch Katzräder auftreten - praktisch nie erfüllt werden.

Zur Berücksichtigung der Lastübertragung von Schott zu Schott sind zu den nach der üblichen Berechnung ermittelten Spannungen - bei einer Schottsteifigkeit von $I_Q/I_x \geq 2,0 \cdot 10^{-3}$ - noch die Beanspruchungen eines zwischen zwei Schotten gelenkig eingehängten Trägers zu addieren. Als Querschnitt für diese Zwischenbelastung kann der Steg des Hauptträgers und $\frac{1}{6}$ beider Gurtbreiten herangezogen werden. Ihr Einfluß muß naturgemäß mit zunehmendem Schottabstand wachsen. Es ist zweckmäßig, einen Abstand der Schotte von a = l/12 zu wählen.

Da es sich bei der Zwischenbelastung um lineare Zusatzspannungen handelt, sind die Spannungsspitzen infolge der Krafteinleitung aus den Katzrädern nicht berücksichtigt. Die konstruktive Ausbildung des oberen Randes des Hauptträgers ist daher von besonderer Bedeutung. Zweckmäßig sind vor allem coupierte Träger, die stärkere Stege als der restliche Hauptträger aufweisen. Darüber hinaus liegt die Schweißnaht weiter vom am stärksten beanspruchten Rande entfernt.

8.3 Die Wölbbehinderung

Wählt man für das Verhältnis von $I_Q/I_x = 2 \cdot 10^{-3}$ und berücksichtigt die Beanspruchungen eines zwischen zwei Schotte eingehängten Trägers, dann ist der Einfluß der Wölbbehinderung zwischen zwei Zellen bereits erfaßt. Werden zur besseren Materialausnutzung die Träger mit konischen Enden ausgebildet, - wobei die Höhe des Kastens bereits von den Viertelspunkten der Stützweite ab zu den Enden hin abnehmen kann -, dann verursachen die konischen Zellen zwar eine Wölbbehinderung der Querschnitte und es treten auch Längsspannungen aus der Torsionsbelastung auf. Diese sind aber von einer Größenordnung, die auf die Bemessung keinen Einfluß hat (s. Abb. 7 b).

8.4 Das Ausbeulen der Hauptträgerstege

Die Belastungen der Hauptträgerstege setzen sich aus zwei Teilbeträgen zusammen; aus der Beanspruchung als Träger (σ_{x_1}, τ_1) und aus der Beanspruchung infolge der Krafteinleitung der Radlast (σ_{x_2}, σ_{y_2}, τ_2). Die Belastungen des Beulfeldes für den zweiten Anteil wurden mit Hilfe der Scheibentheorie ermittelt und durch Spannungsdehnungsmessungen an bereits ausgeführten Kranen überprüft. Die Übereinstimmung mit den Meßwerten war sehr gut (s. Abb. 13 a).

Die für die tatsächlichen Belastungen durchgeführte Beuluntersuchung war äußerst umfangreich und ergab je nach dem Ansatz kritische Beullasten von 221 t und 198 t (s. Tab. 1).

Durch eine Idealisierung der komplizierten Scheibenbelastungen konnte die Beuluntersuchung mit wesentlich geringerem Aufwand durchgeführt werden. Die Näherung ergab kritische Lasten von 220 t und 194,5 t, die mit den der exakten Beuluntersuchung praktisch übereinstimmen. Die bei GIRKMANN [8] ausgesprochene Vermutung, daß das Ausbeulen mit m = 1,3 Halbwellen in x-Richtung und n = 1,2,3,4 Halbwellen in y-Richtung erfolgt, hat sich bei dem ausgesteiften Feld nicht bestätigt. Der RITZsche Ansatz mit m = 1,(2+4) und n = 1,2,3,4 ergab eine kleinere kritische Last.

Otto Schindler

Literaturverzeichnis

[1] STÜSSI — Der dünnwandige schlanke Stahlstab mit Kastenquerschnitt
Abh. Int. Ver. f. Brückenbau u. Hochbau
$\underline{11}$ (1951), S. 375

[2] SCHLEICHER — Taschenbuch für Bauingenieure 2. Auflage
Teil I, S. 935

[3] SCHNADEL, G. — Die mittragende Breite von Kastenträgern und im Doppelboden
Werft-Reederei-Hafen 1928 Heft 5

[4] EBNER, H. — Die Beanspruchung dünnwandiger Kastenträger auf Drillung bei behinderter Querschnittswölbung
DVL-Jahrbuch 1933, S. III 72

[5] WANSLEBEN — Die Theorie der Drillsteifigkeit von Stahlbauteilen
Forschungshefte aus dem Gebiete des Stahlbaues Heft 11

[6] BEREUTER, R. — Experimentelle Untersuchung der Spannungsverteilung in frei aufliegenden Balken.
Diss. Zürich 1946

[7] HAYASHI, K. — Theorie des Trägers auf elastischer Unterlage. Springer Verlag Berlin 1921

[8] GIRKMANN, K. — Stegblechbeulung unter örtlichem Lastengriff
Sitzungsbericht der Wiener Akademie 1936

[9] KLÖPPEL, K. und I. SCHEER — Stahlbau 1956, Heft 5, Seite 117

Lebenslauf

In Haan, Kreis Dux Sudeten, wurde ich am 8.1.1922 geboren. Nach der 5-klassigen Volksschule besuchte ich 8 Jahre die Oberschule für Jungen in Dux und legte 1941 die Reifeprüfung ab. Anschließend erfolgte meine Einberufung zum Arbeitsdienst und zur Wehrmacht. Als Soldat lernte ich Rußland und Italien kennen, wo ich im April 1945 in amerikanische Gefangenschaft geriet. Nach der Entlassung 1947 arbeitete ich als Maurer in Hamburg.

Von 1948 bis 1952 studierte ich an der Technischen Hochschule in Hannover. Die Diplom-Hauptprüfung in der Fachrichtung Bauingenieurwesen legte ich im Frühjahr 1952 ab. Seitdem arbeite ich als Statiker im Büro Prof. Pfannmüller in Hannover.

Hannover, im Frühjahr 1952

Otto Schindler

If you have any concerns about our products,
you can contact us on
ProductSafety@springernature.com

In case Publisher is established outside the EU,
the EU authorized representative is:
**Springer Nature Customer Service Center GmbH
Europaplatz 3, 69115 Heidelberg, Germany**

Printed by Libri Plureos GmbH
in Hamburg, Germany